U0226915

— 物理科普简说译丛 —

Magnetism: A Very Short Introduction

简说磁学

〔英〕斯蒂芬·布伦德尔（Stephen Blundell）著

王建波 刘青芳 张森富 译

图书在版编目（CIP）数据

简说磁学 / (英) 斯蒂芬·布伦德尔 (Stephen Blundell) 著 ; 王建波, 刘青芳, 张森富译. 兰州 : 兰州大学出版社, 2024. 7. -- (物理科普简说译丛 / 刘翔主编). -- ISBN 978-7-311-06686-4

Ⅰ. 0441.2-49

中国国家版本馆 CIP 数据核字第 2024VS3470 号

责任编辑　牛涵波
封面设计　汪如祥

书　　名　简说磁学
作　　者　〔英〕斯蒂芬·布伦德尔(Stephen Blundell)　著
　　　　　王建波　刘青芳　张森富　译
出版发行　兰州大学出版社　(地址:兰州市天水南路222号　730000)
电　　话　0931-8912613(总编办公室)　0931-8617156(营销中心)
网　　址　http://press.lzu.edu.cn
电子信箱　press@lzu.edu.cn
印　　刷　陕西龙山海天艺术印务有限公司
开　　本　880 mm×1230 mm　1/32
印　　张　5.625(插页4)
字　　数　118千
版　　次　2024年7月第1版
印　　次　2024年7月第1次印刷
书　　号　ISBN 978-7-311-06686-4
定　　价　50.00元

(图书若有破损、缺页、掉页,可随时与本社联系)

总 序

在科技浪潮汹涌澎湃的今日，科普工作的重要性愈发凸显。它不仅是连接深邃科学世界与普罗大众之间的无形之桥，更是培育科技创新人才、提升全民科学素养的必由之路。习近平总书记在给“科学与中国”院士专家代表的回信中明确指出：“科学普及是实现创新发展的重要基础性工作。”这一重要论述，不仅深刻揭示了科普工作在创新发展中的基础性、先导性作用，更为我们指明了在新时代背景下加强国家科普能力建设、实现高水平科技自立自强、推进世界科技强国建设的方向。

兰州大学出版社精心策划并推出“物理科普简说译丛”，正是基于这样的深刻认识，也是对习近平总书记这一重要论述的积极响应和生动实践。

这套译丛选自牛津大学出版社的“牛津通识读本”系列，我们翻译了其中五本物理学领域的经典之作——《简说放射性》《简说核武器》《简说磁学》《简说热力学定律》和《尼尔斯·玻尔传》。这是一套深入浅出的物理科普著作，它将物理学的基本概念、原理和前沿进展呈现给读者。我们希望读者不仅能够获得知识，更能够感受到科学探索的乐趣，了解物理学在现代社会中的重要作用，了解物理学不只是冰冷的公式和理论，它还与我们的日常生活息息相关，影响着我们观察世界的方式。

翻译这样一套丛书，既是一种挑战，也是一次难得的学习经历。在翻译过程中，我和我的同仁们——兰州大学物理科学与技术学院的师生，深感责任重大。物理术语的准确性、概念的清晰表达以及文化的差异，都是我们在翻译时必须仔细斟酌和考虑的问题。我们的目标是尽可能保留原作的精确性和趣味性，同时确保中文读者能够无障碍地享受阅读，并从中获得知识。

我们期待这套译丛能为我们的读者提供一扇窥探物理世界奥秘的窗口，我们也寄希望于为推动科技进步和社会发展贡献一份力量。展望未来，我们将继续秉承“科学普及是实现创新发展的重要基础性工作”的理念，不断加强自身科普能力，推动科普事业向更高水平发展。同时，我们也呼吁更多的科技工作者加入科普工作的行列，共同推动科普事业蓬勃发展。我们相信，在全社会共同努力下，科普事业定将迎来更加美好的明天。

最后，我想向所有为这套书的诞生付出努力、提供支持的同仁和朋友们表达我的感谢。感谢他们为我们在翻译过程中遇到的问题提供了专业解答。在此，我也诚挚地邀请各位读者打开这套书，随我一同踏上一段探索物理世界的精彩旅程。

刘　翔

2024年6月

译者序

磁性无时无刻不在展现着这个物理世界的神秘、奇幻及多姿多彩。作为基础科学的一部分，磁学在推动人类社会的进步和发展中发挥了不可或缺的作用。但是由于种种原因，目前出版的专门介绍磁学的科普书籍相对较少，而且这些书籍以介绍1980年之前的磁学发展为主，对近20～40年来磁学的前沿发展和应用更新的介绍较少。我在阅读牛津大学出版社出版的《简说磁学》这本书的英文版时，发现该书不仅在磁学发展的历史中较为详细地加入了一些鲜为人知的历史故事，而且还对磁记录、自旋、量子磁性及寻找磁单极子等前沿内容进行了深入浅出的介绍，是一本非常好的磁学入门科普图书。

磁在日常生活和科学研究中具有非常重要的地位，但是大多数人对磁学的了解可能仅局限于吸铁石和指南针等的磁性现象，对其背后蕴藏的物理之美及广泛的实际应用方面知之甚少。磁场本质上是一种相对论修正，同时磁性本质上也是一种量子力学效应，但是量子力学和相对论等内容对大部分读者而言太过深奥，其复杂性和专业性也往往让非专业读者对其望而却步。《简说磁学》这本科普图书的英文版不仅介绍了磁学的研究历史，还把基础研究结果和前沿研究内容深入浅出地串联成较为完整的框架，引入了不少较为新颖的内容，能够引起读者的兴趣。正因如此，当得知有机会将这本科普图书翻译成中文，让更广泛的读者群体能够了解磁学的奥秘时，我感到非常高兴。

翻译这本书的过程对我们而言同样也是一个挑战，我们力求在翻译过程中保持原作的准确性和科学性，同时又能让我国读者尽量理解。希望《简说磁学》这本书能够为读者打开一扇了解磁的大门，并能够让读者感受到磁学的魅力和实用性。无论您是物理学爱好者，还是科技领域的从业者，或是对科学充满好奇心的年轻人，我们都希望这本书能够为您提供有益的启示和帮助，特别是让您能够对磁学有更深入的了解。

最后，我要感谢原作者在此书中为我们呈现出的精彩的磁学世界。在翻译的过程中，感谢我们翻译团队的共同努力，也特别感谢我的研究生们在翻译和校对中所付出的辛勤劳动。此外，我还要感谢为此套丛书的出版付出不懈努力的出版社和学院。我也希望未来能够有面向更多不同方向的优秀科普书籍，去激发更多读者的兴趣，让我们能够体会并享受到科学的美和乐趣。

鉴于译者水平有限，书中疏漏之处在所难免，恳请大家见谅并多提宝贵意见。

王建波

2024年6月于兰州

目　录

第一章

神秘的吸引力

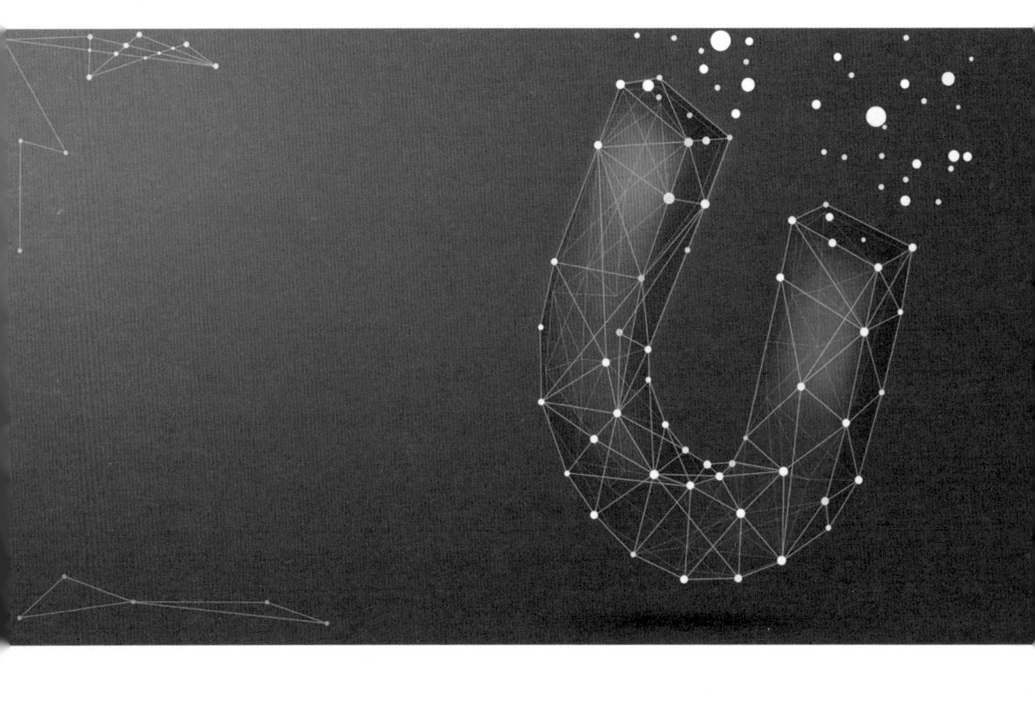

是什么样的神秘力量把一个磁体拉向另一个磁体呢？而且，似乎这种力量能通过空旷的空间起作用？针对这个问题，19世纪的科学家迈克尔·法拉第（Michael Faraday）对磁体的行为进行了大量的研究，他所做的其中一个实验的结果如图1所示。很多人小时候也这样玩过，把一个条形磁铁放在一张纸下面，并且把铁屑随意地撒在纸张上，铁屑就会自动排列出一个图案，这个实验说明条形磁铁通过空间对铁屑产生了影响。尽管有一张纸的阻隔，但某种力量还是穿透了纸张使铁屑整齐排列。这个图案也似乎表明，磁的作用线从磁体的一端流出，然后在空间中绕了一个弧线，最后重新进入了磁体的另一端。几个世纪以来，人们着迷于探索自然界中这种不寻常的现象，并一直想知道：到底是什么力量让磁体这样工作的？磁体的这种性质能用来干什么呢？

人们对磁性的理解经历了漫长而曲折的过程。在历史上的不同时代，人们曾认为磁铁可以用来治病并揭示宇宙

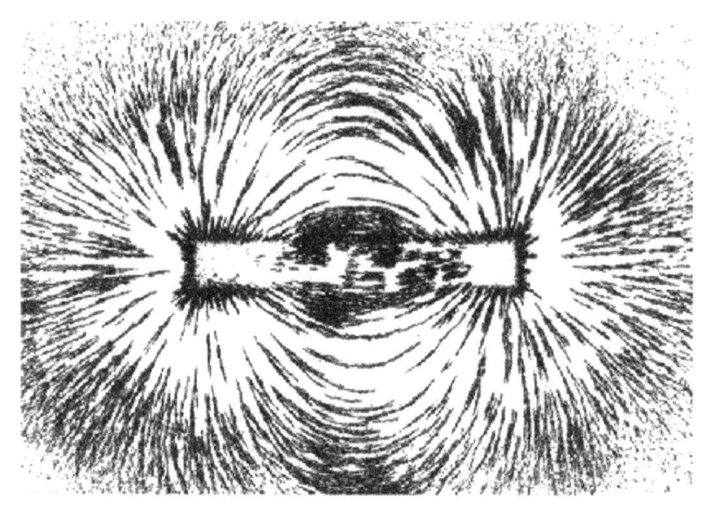

图1　撒在条形磁铁上方一张纸上的铁屑

生命力的秘密。磁体第一次真正且富有成效的应用出现在导航领域。从中国发明磁的指南针开始，小的条形磁铁的应用历史已有1000多年。今天，磁体在生活中被广泛应用，从信息存储到发电，再到日常生活中把塑料字母固定在冰箱门上的冰箱贴。

如本书后面所述，中世纪的人们曾经对某些岩石的磁性起源进行了争论，但是做了一系列实验系统研究磁性的第一人是威廉·吉尔伯特（William Gilbert），并且他正确地认识到地球本身就像一个巨大的磁体。这个认识为后来汉斯·克里斯蒂安·奥斯特（Hans Christian Oersted）、安德烈·玛丽·安培（André-Marie Ampère）、法拉第、詹姆斯·克拉克·麦克斯韦（James Clerk Maxwell）、阿尔伯特·爱因斯坦（Albert Einstein）等科学家的发现奠定了基础。在本书中，笔者也将介绍早期量子理论的支持者们是如何阐明原子磁体的基本特征的。现在我们也可以研究空间中的磁场，获得对宇宙中发生的很多现象的深刻理解。离我们更近的例子也有，例如，我们可以用磁约束解释极光现象，并利用磁约束为核聚变反应堆的制造提供途径。人们还在继续寻找磁单极子，而且对磁性材料的各种新的理解正在革命性地改变我们存储信息的方式。这是一个支撑和巩固现代科技的故事，也是一个不断探究、理解本质的故事。这场知识的探究之旅可以归纳为一个简单的问题：是什么让磁体吸引物体的？

让人着迷的力量

有时候，某种看不见的力量所隐藏的吸引力可能是非常邪恶的。希腊神话中的海妖塞壬是一种人首鸟身的女人，塞壬用悠扬诱人的歌声来引诱水手们驾驶着船驶向岩石，从而触礁沉没。乔治·卢卡斯（George Lucas）的《星球大战》（*Stars War*）里描述到，一种看不见的“牵引波束”把千年隼号飞船从原定轨道吸了出来，并强行拖拽着它飞向了死亡之星。也许这并不奇怪，磁铁的这种看不见的力量可以在空气中吸引远处的铁，看起来有一种神秘和危险的氛围。磁体是活的吗？它有灵魂吗？它是邪恶的吗？

磁性的发现源于一种岩石——磁铁矿，它是一种化学式为Fe_3O_4的矿物。虽然它的名字源于希腊中部一个叫麦格尼西娅（Magnesia）的地方（有意思的是，化学元素镁和锰的名称也来自这个地方，但跟磁铁矿并没有太大的关系），但在世界上很多地方都能找到它。很多磁铁矿块天然就是已经被磁化了的，这可能要归因于闪电，所以它们会吸附一些铁屑。这个被称为“磁性”的神秘属性很早就被希腊人［公元前6世纪，希腊哲学家泰勒斯（Thales）曾提及磁性］和中国人（公元前4世纪的古文里曾提及磁性）所知晓。

公元前1世纪，诗人卢克莱修（Lucretius）创作了他著名的《物性论》（*De Rerum Natura*）。他用六音步诗行写作，试图向罗马读者解释伊壁鸠鲁的哲学和科学观点，其中也包括有关磁铁的长篇内容。卢克莱修对一个他亲眼见过的实验非常感兴趣，这个实验中磁铁的力量可以连起一串铁环。他惊奇地发现，铁环紧紧地黏在一起，并被吸附在悬挂它们的磁铁上，仅靠这种难以理解的力量保持着“在微风中轻轻摇摆”。随后，他以德谟克利特（Democritus）和留基伯（Leucippus）的原子理论为基础，对这一现象进行了解释。他认为，一切事物都是由原子组成的，而每一个原子都反映了所讨论对象的本质。卢克莱修注意到，物体的本质属性似乎可以通过空气弥漫、传播出去。食物的气味，来自太阳的热量，从身体里流出的汗水，“当我们走在海边时，盐水进入我们嘴中的味道”，这些例子都可以用相同的原理解释，说明没有物质是没有孔的。而且这些例子都说明，一种物质的原子可以穿过其他物质，只是穿透程度不尽相同。以上这些思想成了他对“磁性”做解释的基础。

首先，这块石头中必定会流出来无数个原子，
就像溪流一样，
击打并劈开铁和石头下方的空气，
这个空间被清空后，
中间留下了一个大的空区，
铁的原子立刻向前滑动，
落入到这片真空中。

因此，他猜测铁原子从石头里流出，斩破空气，创造出真空，然后吸引其他物体向特定方向移动。这是一种驱动力，就像“风吹动帆和船只”一样。现在看来，卢克莱修对磁性的解释是完全错误的，但是非常巧妙，反映了他对物理世界中这个现象独特的、严肃的和认真的思考，并且这个思考高度在之后的几个世纪内都无人超越。

在大致同时期的中国，人们也开始了对磁性的研究。有证据表明，人们曾使用被磁化的勺子来占卜，通过观察旋转的磁勺停下来时所指的方向来预测未来。由此可以推断，磁罗盘①似乎是偶然被发明出来的，而且在11世纪和

① 译者注：磁罗盘、罗盘、指南针、指北针其实是同一个东西，都可用于指示方向，只是在不同历史时期或国家有不同的习惯说法。罗盘通常用磁性技术制作而成，所以也称为磁罗盘。中国古代以正南方向为参考方向，因此罗盘也称为司南针或指南针。现代地图以正北方向为参考方向绘制，所以在现代“指北针”的说法也很常见。

12世纪早期的中国文献中就有关于将漂浮在水中的磁针用于导航的记载。12世纪末和13世纪初，这种新技术从中国传到了欧洲。到了13世纪末，旱罗盘被发明了出来，在这种新的设计中磁针不再漂浮在水上，而是围绕固定的轴旋转。

在接下来的几个世纪里，磁化的岩石通常被称为磁石（lodestones），这个词来自中古英语中的单词——lode［可以追溯到史诗《贝奥武夫》（*Beowulf*）中］，意思是“道路”或“路线”，表明这些石头的导航用途已经被人们所熟知。大约在同一时期出现的另一个相关单词是lodestar，意为“指路之星”，它是天体灯塔，用来指引方向。它通常指北极星，常被人们想象成一个指引希望和决定命运的导航之星。在没有可靠的地图，更没有卫星导航的年代，通过星星或者磁性确定方向是一个至关重要的技能。在磁罗盘的帮助下，水手们就可以在危险区域多次安全地航行，而不用担心被海妖塞壬引诱去触礁。

但是，磁石背后的机理仍然是充满魔力并神秘莫测的。考虑到磁石和北极星都有指示方向的功能，当时许多人便认为磁体可以在某种程度上用来探索宇宙层面的奥秘，现在看来这样的认识好像也不足为奇了。

磁疗

如果磁铁具有奇怪而神秘的力量，那么它似乎完全有可能直接被用于帮助人们解决问题，特别是用于解决人类与痛苦和疾病永无休止的斗争。事实上，几个世纪以来，人们一直认为天然磁石可以治疗各种疾病，经常被吹捧的所谓治疗方法包括让患者接触磁铁或者摄入大量磁性的岩石。但是，在准备批判这种骗子疗法之前你需要注意，在人类历史的大部分时间里，传统医学几乎没有任何进步，并且治疗方法比较野蛮，还常常误导患者，其造成的伤害往往远大于疾病本身带来的伤害——进行手术的过程中不使用麻醉剂，且经常使用砒霜制剂和放血疗法。从这个角度来看，相比传统医学而言，磁疗带来的风险相对更低。因此，这种疗法不出意料地很受欢迎，也为从事磁疗的人员带来了不少客户。

关于磁疗的例子有很多，但与磁疗有关的最臭名昭著的人物可能要数18世纪的德国医生弗兰茨·梅斯默（Franz Mesmer）了，他发明了一个基于磁性的新型治疗方法，还拥有了一批信徒。梅斯默对健康的看法非常清晰明了，他的想法很简单：许多疾病是由磁性流体内部的通道被障碍物阻塞而引起的，一旦处理了这个阻塞，自然流动就可以恢复，身体就会恢复健康。梅斯默声称他可以实现这种疏通，他治疗的患者描述了这种被疏通的感觉——就像一股温暖的风穿过他们一样。梅斯默最早在维也纳行医，之后于1777年移居巴黎，在巴黎，他奇迹般的治疗效果也广为流传。梅斯默在治疗早期使用磁铁来引导患者身体内的“动物磁性”，但他最终放弃了这种治疗方法，并致力于使用更复杂的方法，比如凝视着患者的眼睛，将手放在患者的身体上移动，用铁棒触碰他们的身体或者长时间握住他们的手，最终使患者出现一种短暂的抽搐，从而疏通其身体内的阻塞。

梅斯默对“动物磁性”的看法如下：

> 它是一种普遍存在的流体；它是天体、地球和生物体之间互相影响的介质；它是连续不断的，因此不会出现在真空中；它是不易察觉的；它能接收、传播，并且沟通各种关于运动的感觉能力。

他还认为：

> 人体可以表现出与磁体相似的特性，人体也可以分成两个不同的、对立的两极。动物磁性的作用和性质可以从一个身体传递到另一个身体，无论是生命体还是非生命体：这种传递可以不借助于任何中介物质远距离进行；可以通过多种方式增强，如镜子反射，用声音传播、扩散；这种

作用还可以积累、集中、传输。

他还特别声称：

> 动物磁性可以用于治疗神经紊乱，也可以作为治疗其他患者的媒介；它能改善药物的疗效；它可以诱导和引导危机，以便让人类理解和掌握疾病。通过这种方式，医生可以了解每个人的健康状况，并确定复杂疾病的起源、性质和进展。无论患者的年龄、性格和性别如何，它都可以防止把患者置于危险中或造成其他不幸后果，防止疾病传播，并达到治愈疾病的目的。

值得一提的是，梅斯默在巴黎大受欢迎，很快就有许多其他磁疗师涌现出来，想要加入这个利润丰厚的新行业。梅斯默的生计受到了威胁，他抗议说只有他有特殊的天赋和能力。为了解决梅斯默和其他模仿者之间的争端，也为了调查这整个治疗实践是否建立在合法的科学基础上，法国科学院组织成立了一个高级委员会来调查整个事件。委员会中有一位特别的成员是当时最受尊敬的科学家之一，并且其曾因平息雷暴并拯救城市而引发过争议，他就是避雷针的发明者——本杰明·富兰克林（Benjamin Franklin）。

本杰明·富兰克林

18世纪最伟大的理性主义者之一本杰明·富兰克林于1706年出生在美国马萨诸塞州的波士顿。他出生时萨勒姆女巫（Salem witch）审判事件刚过去十年，这是人类非理性行为所造成的可怕案例之一。17岁时，富兰克林来到费城，当过一段时间的排版工人，后来成了一名记者和作家。他被誉为开国元勋、政治家和科学家，但后来其声誉的提高在很大程度上归因于他作为科学家的成就——他发明了避雷针、双焦眼镜和导尿管，还发明了富兰克林炉，并在蒸发冷却、海洋学和热力学等方面做出了重要贡献。他最著名的事件，可能是他在1752年的一场雷暴雨期间放风筝，并因此证明了闪电的电性质。

18世纪40年代，富兰克林对电学产生了浓厚兴趣。当时费城的许多业余科学家都同样对电学感兴趣，他们组成了富兰克林的朋友圈。在伦敦，业余科学家斯蒂芬·格雷（Stephen Gray）设计了一个名为“悬空男孩”的实验，在这个实验中，一名年轻的男孩被丝绸绳吊在天花板上，丝绸绳是绝缘的，然后实验人员用摩擦过的玻璃棒触碰男孩来给他充电，观众吃惊地看到男孩的头发竖了起来，小物体粘在他身上，甚至他的鼻子和手指上都迸发出了火花。很明显，电不仅仅是一门科学，同样也可以用来进行娱乐表演。富兰克林第一次看见这样的一个关于电的展演可能是在1743年，当时来自爱丁堡的巡回演出团刚好到访费城。从那一刻起，富兰克林就对此着了迷。

1750年12月，在费城的家中，富兰克林使用两个莱顿瓶（Leyden jar，当时的电池，见第三章）来辅助他电击、屠宰圣诞火鸡，他还邀请了朋友来一起分享乐趣。但是中间出了点问题，富兰克林不小心将自己连接到了莱顿瓶的终端上，于是一道强光闪过，他的一只手受伤流血了。然而，富兰克林并没有因此被吓到，他认为这是学习过程的一部分。他继续致力于他的实验工作，并最终证明莱顿瓶的电荷储存在玻璃表面，而不是储存在它们所含的水中。他是第一个提出正电荷和负电荷概念的人，他推断带电的物体要么是电荷过剩，要么是电荷不足，就像银行账户可以有结余和赤字一样。

当时在聚会上流行一种游戏，就是用湿手指慢慢摩擦酒杯边缘，以产生音乐。富兰克林曾经听到过用一套调好音的酒杯演奏的汉德尔（Handel）的《水上音乐》（*Water Music*），这也激发了他发明一个新乐器的想法，与之前的乐器相比，使用这个新乐器可以实现更自动、更方便的演奏：将一套按照特定尺寸做好的玻璃盘片串联安装在同一个水平转轴上，盘片可以绕着这个水平轴线一起转动，演奏者可以将湿润的手指放在某个选定的盘片上保持不动，也可以通过触碰不同的盘片来改变音调。这种乐器被命名为

“玻璃琴”，富兰克林认为它的音色“无与伦比的甜美”。后来，莫扎特为一位著名的玻璃琴独奏者写了一首曲子，并用中提琴为她伴奏。玻璃琴是富兰克林最自豪的发明，但具有讽刺意味的是，玻璃琴空灵的声音经常被梅斯默用来舒缓患者情绪，并营造出适合进行磁疗的氛围。

法国科学院为调查梅斯默而成立的高级委员会中不仅有富兰克林，还有世界著名的化学家安东尼·拉瓦锡(Antoine Lavoisier)。他们的调查包括了各种实验，其中的一个实验是选择一个特别容易受到磁疗影响的12岁男孩，蒙上他的眼睛，让他拥抱各种树木，这些树木中有一棵树已被一位磁疗师（不是梅斯默，他拒绝与委员会合作）“磁化”。男孩在拥抱了特定的树木后发生了抽搐，但这棵树并不是被磁疗师磁化的那棵树。经过许多相关实验之后，委员会得出结论：梅斯默的磁疗没有科学依据，他所声称的治疗效果纯属暗示的力量所致。他们在报告中总结了调查结果：

> 委员们认为，这种动物磁性无法被我们的任何感官所感知，它对各种人都没有任何作用，不管是对自己还是对接受治疗的患者都是这样。最终，决定性的实验证明：在没有磁性的情况下，仅靠想象力就可以产生抽搐；而在没有想象力的情况下，光靠磁性则不会产生任何效果。

他们认为：

> 在关于动物磁性的存在和作用的问题上，委员们得出了一致的结论：没有任何证据证明动物磁性的存在；不存在的动物磁性，当然也就没有任何效用。

梅斯默的技术只显示了人类想象力的力量，以及一位富有同情心和专注的医者可能发挥的重要作用，它还凸显了身心疾病的本质，以及心理与健康之间的联系。梅斯默使用的放松疗法和诱导恍惚状态［由此产生了催眠（mesmerize）这个词］也无意中为后续医学治疗中使用催眠术打下了基础。

理性和非理性

在现代这个循证医学的时代，人们可能认为磁疗已经完全消失了。但是在任意的书店中逛逛，你就会发现这并不是事实——许多书店都有很大一块“心灵、身体、灵魂”分类书籍区域（尽管“彻底胡说八道”这个分类可能更合适），在这里你可以找到许多讨论磁疗或介绍晶体疗效的图书。在其中一本书中，笔者发现了这样的断言（没有任何科学证据支持）：磁铁矿可以用来“传导能量”和“减少负面情绪”，它们可以攻击某些癌细胞，还可以对抗肝脏和血液疾病。这样的虚假结论出现在中世纪的书籍中并不奇怪，但在21世纪出版的书籍中竟然也能看到，就不免让人惊讶了。由此可见，非理性思维仍然存在、仍然活跃，甚至与此相关的图书可能就在你附近的书店中销售。

富兰克林与梅斯默的例子可以被看作理性对抗非理性、逻辑对抗江湖骗术的早期胜利，但这种强调知识获得和经验证明的做法出现的时代，实际上早于富兰克林的时代。而在磁学领域，没有人比威廉·吉尔伯特更重视逻辑推理和用实验检验假设的重要性了。在伊丽莎白一世统治末期，吉尔伯特描述了他自己关于知识的哲学思考：

> 人们对自然界事物的了解非常有限，现代哲学家就好像在黑暗中做梦一样，他们必须被唤醒，并被教会如何使用事物、处理事物；他们必须放弃那种只来自书本的学习方式，那些书中的无意义争论往往只是基于概率和推测。

在下一章中，我们一起来看看吉尔伯特做出了哪些更进一步的思考。

第二章

地球是个磁体

当天然磁石的性质在后面的论述中被揭示，并被我们的努力和实验所检验后，隐藏在这种重大效应之下的深奥原因就会被提出、被证明、被展示、被论证；紧接着，所有的黑暗也将消失；每一个微小错误的根源，一旦被拔起，就会被抛弃、被忽略；伟大的磁科学的基础将会被重新奠定，这样，高尚的智力就不会再被空洞的观点所迷惑。

引自威廉·吉尔伯特：《论磁铁》(*De Magnete*)

在17世纪初，有一本书中所描述的关于磁学的思考比之前所有的相关著作都更清晰。威廉·吉尔伯特在1600年完成了他的杰作《论磁铁》，此时距离他去世还有三年时间。吉尔伯特于1544年出生在英国的科尔切斯特，在剑桥大学获得学位后，他的职业生涯不断上升，他后来成了医学界的一员。《论磁铁》出版时，他刚刚成为伊丽莎白女王的私人医生。在伊丽莎白女王去世后，吉尔伯特继续为她的继任者詹姆斯国王工作，在那个宫廷环境中充斥着奸诈阴谋的年代，做好这份工作绝非易事。然而，他并不是古板的朝臣或传统的保守主义者，也并没有盲目追随古人的智慧。吉尔伯特接受了当时激进的新理论——哥白尼主义，这个理论反对支配欧洲思想数个世纪的亚里士多德主义，并认为其是一纸空文。更为重要的是，吉尔伯特不遮遮掩掩，他在他的著作中直言不讳地表达了自己的观点。

“伪科学者”

在《论磁铁》的开篇，吉尔伯特就为他的整个作品定下了基调。他指出，在过去的时代里，“哲学界仍然粗鲁且没有开化，并陷入错误和无知的迷雾中”。随后，他写下了一大段华丽且充满激情的语句，去抨击过去的种种错误。他引用的一些例子值得一看，从中可以看到当时吉尔伯特所面对的学界的无知程度。

吉尔伯特说，有人曾断言用大蒜摩擦过的天然磁石不能吸铁，或者在钻石存在时磁铁也不起作用；天然磁石能让丈夫与妻子和睦相处，也能帮助小偷开锁，还能把女人从巫术中解救出来（有人好奇为什么不能适用于男人）；如果把天然磁石握在手里，它就能“治愈脚部的疼痛和抽筋”，或者使持有者口才了得；有人认为，天然磁石只在白天起作用（据说在晚上这种力量会消失），另一些人则认为，天然磁石的力量被削弱后可以通过沾染雄鹿的血来恢复；有人说，用鲫鱼加盐腌制过的磁铁具有一种魔力，能从深井的底部吸起一块金子……吉尔伯特毫不留情地嘲笑了以上这些例子，并且详细地引用了每一个例子。他似乎特别喜欢提及学者卢卡斯·高里库斯（Lucas Gauricus）的著作，高里库斯认为天然磁石属于处女座，并且“它用数学这种学识的面纱，掩盖了许多类似的可耻、愚蠢的行为”。

吉尔伯特也赞扬了一些古人，称他们为“哲学先驱”，如亚里士多德和克罗狄斯·托勒密（Claudius Ptolemaeus）。他认为，如果他们还活着，如果他们能看到他的实验，他们就会坚定地站在他这一边。即使是相信大蒜对磁铁的吸引力有影响的托马斯·阿奎那（Thomas Aquinas），也肯定会被他的观点说服，因为“以他如神一般敏锐的头脑，如果他熟悉磁性实验的话，他一定会提出许多观点”。

尽管磁罗盘中使用的天然磁石非常有用，但吉尔伯特很清楚，还没有人提出有价值的观点解释清楚它们实际的工作原理。有一些人认为，指北针的指针之所以指向北方，是因为它被“悬挂在北极点上方的那部分天空”所吸引，或者被北极星（大熊星座尾巴处的恒星）所吸引（甚至一些人坚持认为，有一块大型的天然磁石位于大熊星座的尾巴处），也可能是被未知地理位置的磁山或磁岛所吸引。关于磁山的传说有很多，所以人们认为船需要用木钉来建造，这样当船航行通过磁性悬崖时，就“没有铁钉会被拔出来”……以上这些想法，吉尔伯特认为都是“偏离了真理十万八千里，并且在盲目猜测”。

一些报道认为天然磁石有药物的特性，它可以引发各种精神紊乱、忧郁症，令人永葆青春，净化人体的肠道，纠正“肠道内的过量体液和腐败物”，并可用于治疗头痛或刺伤。吉尔伯特对此尖锐地批评道：“这些伪科学家在徒劳而又荒谬地寻求治疗方法，却忽视了事情的真正诱因。”不过，至少在医学这个领域，具有医学背景的吉尔伯特并不认为铁没有治愈力，只不过他非常明智地没有把铁的功效与磁力联系在一起。他承认，铁可以用来治疗一些肝脏和脾脏疾病，并指出“面色苍白、浑浊、有斑点的年轻女性可以用铁来恢复健康和美丽”。当然，现在铁片剂已被用来治疗贫血，说明吉尔伯特在这方面的认识是完全正确的。

吉尔伯特的实验

也许是因为他所处的年代流传着大量关于磁铁的谣言，所以吉尔伯特在他的著作中坦言，自己对于将他的“高贵”和“新颖”的哲学观点提交给那些“发誓要遵循他人意见的人、愚蠢的艺术败类、玩弄文字之徒、诡辩家、喷子及那些乌合之众”来评判非常谨慎，特别是在他用了如此侮辱性的言辞来描述他们之后。然而，他仍然坚持认为，他真正要面对的是“真正的哲学家、那些有创造力的头脑，以及不仅在书本上，还在事物本身中寻求知识的人”。这里的关键之处在于，他的作品是写给那些不再满足于模仿亚里士多德和其他古人的人，写给那些希望在事物本身中寻求真理的人。他与既定秩序做斗争时的杀手锏是：无论谁想做同样的实验，都要小心、巧妙、灵活，而不是粗心大意、笨手笨脚。换句话说，如果你不相信吉尔伯特的报告，你就可以自己去做实验，但是要小心谨慎。他说：“当一个实验失败时，不要因为你的无知而谴责我们的发现，因为这一切已经被反复检查很多次了。”

实验是吉尔伯特的首选武器，因此，他设计并进行了大量关于磁体的实验。他发现，如果一块薄的纯铁被拉长成一根长铁丝，它就会表现得像一块磁石，沿着铁丝的长轴方向被磁化，这是他在编织针和细线中看到的效果；如果长铁片被加热后对准北方，由铁匠进行敲打，然后在该方向冷却，长铁片就会沿着该方向磁化。他还发现，某些天然磁石比其他磁石更好用，而且形状对效果的影响也很大，长方形的磁石比球形的磁石效果更好。他确认了用天然磁石的确可以磁化铁片，但用其他金属、木头、骨头或玻璃摩擦天然磁石却没有效果。吉尔伯特意识到，古代一些银币中被那些“贪婪的王子们”掺入了铁来造假，这可能是一些关于天然磁石可以吸引银的传言的起因。但是，对于那些据说能吸引肉体的天然磁石或能吸引玻璃的天然磁石的假设，却无法通过类似的方式去解释。他指出，磁石可以用于磁选或磁分离，即将铁颗粒从其他金属颗粒中分离出来。

吉尔伯特也做过有关电的实验：他摩擦琥珀（化石化的树脂，希腊语中称为“elektron”），并用他自己发明的一根可绕轴旋转的针观察由此产生的静电，他将其称为“versorium”——这实际上是第一个静电计。吉尔伯特发明的术语“electricus”（类琥珀）在半个世纪后被采纳变成了“电”的英语单词“electricity”。吉尔伯特的结论是，摩擦琥珀后，琥珀会释放出一种与空气不同的“电气味”，这种气味是由被摩擦的材料决定的。他认为，正是这种气味使电具有了吸引力。事实上，他所说的气味是电荷，后来电荷被证明存在于所有物质中。最重要的是，他认为电效应和磁效应是两种截然不同的现象。但不幸的是，他的正确结论来自不完善的逻辑推理：他声称电效应普遍在物体被加热时消失了，而磁效应则不会。事实上，磁效应在物体被加热时也会被破坏，这是他应该知道的。因为他已经认识到，烧红了的铁棒对磁化了的针没有影响。同样，一块磁化了的铁片放在高温的火里烤到发红后也会失去磁性，这个现象对铁屑也是一样的。

在他最具影响力的实验中，吉尔伯特用车床把他得到的一块天然磁石加工成了一个球体，他戏谑地将该球形磁石称为“特雷拉”（terrella），字面意思是“小地球”。他把一根指南针放在这个“小地球”周围，发现当指南针绕着球体移动时，指针指向不同的方向，他意识到这种现象很像指南针在地球上不同位置时所表现出的现象（图2）。其中的逻辑是显而易见的：指南针在不同位置上展现出不同的磁效应，一个看似合理的机制就是这和地球本身的磁性相关。地球就像一个巨大的磁石，是一个巨大的“小地球”。

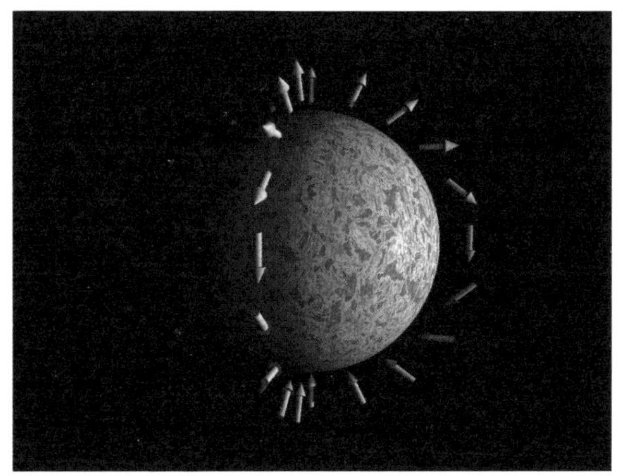

图2　“小地球”周围的磁场分布

图2在一定程度上解释了地球磁场的倾斜或倾角。也就是说，解释了为什么地球上不同位置的磁场方向与水平方向成不同的夹角。对吉尔伯特来说，更困惑的是磁场的“变化”，也就是为什么罗盘并不总是指向真正的北方，而是在地球上的不同位置，它的所指方向略有变化。吉尔伯特提出了一种详尽的解释，涉及山脉和大陆板块之间的磁效应，但他当时所掌握的数据不足以让他认识到这种解释是错误的。我们将在第九章中讨论地球磁场、磁偏角这一话题。

彼德勒斯·佩雷格林纳斯（Petrus Peregrinus）

吉尔伯特的一些研究结果在13世纪的法国学者皮埃尔·德·马里古特（Pierre de Maricourt）的预料之中，后者更为人熟知的名字是彼德勒斯·佩雷格林纳斯。在意大利南部当兵时，佩雷格林纳斯给自己家乡皮卡第的一位熟人写了一封关于磁铁的信，信中描述了他自己对磁铁所做的实验，并详细描述了可自由旋转的罗盘指针。佩雷格林纳斯的研究似乎激励了他自己用磁铁来制造永动机。吉尔伯特激动地对这样的冒险做了批评，他尖锐地说道："愿上帝诅咒所有这些虚假的、剽窃的、歪曲事实的描述，它们只会混淆学生的思想。"

尽管佩雷格林纳斯的探索注定要失败，但他还是做了一些重要的且远远领先于他们那个时代的实验。他证明了磁体的两极可以吸引或排斥其他磁极，实际上他也是第一个描述磁极的人。然而，他构想中的磁罗盘的旋转机制是不正确的，因为他猜测磁罗盘的指针指向天极，而不是像吉尔伯特推断的那样指向地球的地极。

佩雷格林纳斯还进行了一项实验，该实验表明一块磁铁被切成两半后会变成两个独立的磁铁，在切割边缘处会出现一个南极和一个北极。吉尔伯特重复了这个实验，为了解释这个现象，他将两根容易发芽的小树枝（如柳树的树枝）嫁接在一起进行了类比：这两根树枝可以按任意一种顺序嫁接，但每一种情况下都必须保持生长方向的一致性，磁体同样有一个明确定义的方向。

为什么是铁？

当时，人们普遍认为行星与特定的金属有关，他们把金和太阳联系起来，把银和月亮联系起来，把铜和金星联系起来等。吉尔伯特并没有被这些“傻瓜和胡言乱语的占星家”说服，他反问道：“除了剑、大炮和许多其他工具都是用铁做的之外，火星和铁有什么共同之处？铜和金星有什么关系？锡或锌与木星又有什么关系？”吉尔伯特详细描述了如何从铁矿石中提取铁（注意：磁石不仅能吸引铁，也能吸引铁矿石），并罗列了铁在工具、武器和器皿制造中的应用。在一首歌颂铁的长篇赞美诗中，吉尔伯特列举了铁的无数用途：

> 钉子、铰链、螺栓、锯子、钥匙、铁棒、铁锹、门、干草叉、钩子、鱼叉、锅、三脚架、铁

> 砧、锤子、楔子、铁链、手铐、脚镣、锄头、镰刀……长柄勺、小勺、烤叉、刀、匕首、剑、斧子……弦乐乐器、扶手椅、吊闸、弓、弹弓，以及那些对人类有危害的炸弹、步枪、炮弹……

他接着强调，每个村庄都有铁炉，铁“在地球上的含量比其他金属丰富得多”。吉尔伯特认为这是对炼金术最有力的反驳：“化学家们认为大自然的目的是把所有的金属变成黄金，或者把所有的石头变成钻石，这是一种徒劳的幻想。”金子可以闪闪发光，钻石也可以闪闪发光，但对于吉尔伯特而言，铁显然比金子或钻石更有用。

但是，铁或磁石有什么特别之处呢？罗马历史学家普鲁塔克（Plutarch）认为，磁石会释放出某种沉重的蒸汽，它的磁性影响会通过空气中的波动传播，就像我们现在所知道的声波的传播一样。吉尔伯特认识到，虽然各种磁性矿石在烘烤时会释放出各种有毒气体，但其他矿石也是如此，因此，磁性并不是由这些气体产生的。

16世纪的数学家和医生杰罗拉莫·卡达诺（Gerolamo Cardano）认为，铁在金属中之所以特殊，是因为它极度寒冷。吉尔伯特对此不屑一顾，称其为“令人遗憾的琐事，不比老妇人的闲言碎语好多少”。16世纪的天文学家科尼利厄斯·杰玛（Cornelius Gemma）（他偶然提供了关于极光和人类绦虫的第一批插图，尽管这些图可能不是在同一时间绘制的）认为，磁场可以通过看不见的很多棒子来产生力；而在16世纪早期，坚定的亚里士多德主义者朱利叶斯·斯卡利格（Julius Scaliger）则声称，铁移向天然磁石就像移向母亲的子宫一样自然。

卡达诺和公元2世纪末3世纪初的亚里士多德学派评论家阿弗罗狄西亚的亚历山大（Alexander of Aphrodisias）都被磁表现出来的生命力所震撼，因此，他们提出了磁石实际上以铁为食的观点。吉安巴蒂斯塔·德拉·波尔塔（Giambattista della Porta）做了一个实验来验证这个想法：他把一块天然磁石和一些铁屑一起埋在地下，几个月后把它们挖了出来，发现尽管总的变化很小，但天然磁石稍微重了一些，而相应的，铁屑也轻了一些。据说吉尔伯特对这个实验非常怀疑，认为他的陈述并不充分。

然而，吉尔伯特确实赞同部分有关生命力的论点。他指出，大多数古代哲学家都宣称整个世界被赋予了灵魂，“使整个世界呈现出最美丽的多样性”。然而，他也哀叹道，亚里士多德只把这样生机勃勃的自然属性归于天堂的作用，而“不幸的”地球则被留下了“不完美、死亡、无生命、易衰败”的状态。相比而言，吉尔伯特自己的观点则更全面，他声称：“地球的磁力以及它被赋予的灵魂，或这个球体的生命形态……通过整个物质的质量发挥着一种作用，这种作用无穷无尽、快速、明确、恒定、有指导性、有目的，并且有指令性。”

《论磁铁》的影响

吉尔伯特在实验和观察的基础上，创作了一部具有深刻洞察力的作品——《论磁铁》，这部作品中不仅推断出了关于磁性的事实，还推断出了更广泛的关于世界的事实。他迈出了理解地球磁性的第一步，并正确地解释了潮汐是月球的影响所引起的，但他错误地认为这种影响是通过磁力来传递的。因此，吉尔伯特就这样陷入了一个常见的陷阱，这个陷阱曾让许多天才和凡人都陷入其中——当你有了一个好想法时，你往往会认为它适用于所有的事情。

尽管《论磁铁》是一部涉及相当抽象概念的技术性专著，但这并不妨碍这部作品成为吉尔伯特的畅销之作，它成功地将磁性变为17世纪早期的一个流行话题。无论如何，关于磁性的讨论在当时的流行文化中风靡一时。莎士比亚的戏剧中多次提到磁力，例如在《仲夏夜之梦》（大约写于《论磁铁》出版前五年）中，狄米特律斯（Demetrius）追着海伦娜（Helena）说：

> 是你吸引了我，你这硬心肠的磁石；
> 可是你所吸引的不是铁，因为我的心如钢一

样坚贞。

要是你去掉你的吸引力，那我也将没有力量跟随你了。

铁块被磁铁的力量所吸引给人们以启发，人类在情感上相互吸引的奥秘就像磁铁吸引铁块的奥秘一样让人难以理解。本·琼森（Ben Jonson）的最后一部喜剧为《磁性女士》（*The Magnetic Lady*），于1632年首次演出。该剧讲述了富有的“磁石（Loadstone）女士”和她具有磁性吸引力的侄女“普拉森舍钢（Placentia Steel）”的故事。角色阵容包括学者“指南针先生（Mr Compass）”、侄女的保姆“保持器（Keepe）夫人”（磁铁上通常带有一个保持器，当磁铁不使用时，保持器会放置在磁极片上，以延长磁铁的使用寿命）、士兵“艾因赛德（Ironside）”和裁缝“尼杜先生（Mr Needle）”。这种起名方式可能太过头了！

吉尔伯特留给世界的不朽遗产不仅仅是证明了地球是一块磁体，最重要的是，吉尔伯特使做实验成为一种时尚。在磁学这门学科上取得进步的方法不是目空一切地谈论，也不是写剧本，而是设计和进行实验。下一章将要介绍的就是那些确实做到了这一点的人们。

第三章

电流和获取电能之路

吉尔伯特虽然已经认识到了磁罗盘的工作原理，但他还没有完全搞清楚磁体到底是什么。他已经意识到磁性和电性是两种不同的现象，并且天然磁石碎片和琥珀碎片吸引物体的行为也有明显不同，但他却搞不清这两种现象之间的联系。这并不能说明吉尔伯特的能力不足，因为直到几百年后才有人研究清楚这种联系。

在此期间，法国著名哲学家、物理学家勒内·笛卡尔（René Descartes）试图理解磁学现象。笛卡尔构想了一个巧妙的螺旋状流体模型，正如他在1643年写给荷兰物理学家克里斯蒂安·惠更斯（Christiaan Huygens）的信中所描述的那样，“这是一种非常细微、难以察觉的物质，它不断地从地球中涌出，并不是只从南北极流出，而是从北半球的各个地方流出，然后流向南半球，进入南半球的各个地方”。螺旋状流体在空间中旅行时会很疲倦，所以它们希望在路上绕过任何磁石。笛卡尔关于这个模型的想法很有趣，他还画了一个有趣的图（图3）来描述它，从中我们可以直观地看出此模型的原理。然而，他的想法完全脱离了实验。之后，其他科学家遵循吉尔伯特基于实验研究磁性的传统，继续开展了一系列研究。

本章将介绍现代科学家针对电和磁之间的联系所做的各种开创性工作，这些工作都来自一系列非常关键的实验，从路易吉·伽伐尼（Luigi Galvani）对青蛙的研究，到安培、法拉第和尼古拉·特斯拉（Nikola Tesla）的发现等。

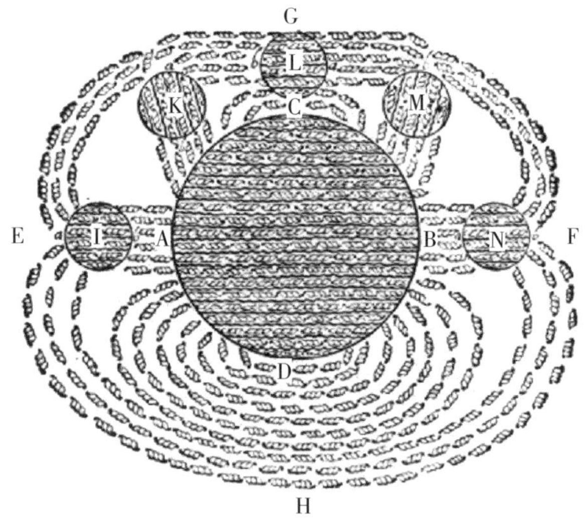

图3　根据笛卡尔螺旋状流体模型绘制出的地球周围的磁场①

① 译者注：图中字母仅用于标记不同区域。

动物电

在《论磁铁》出版171年后，在意大利的博洛尼亚，伽伐尼发现死青蛙的腿部肌肉在受到电火花或脉冲刺激时会抽搐。这一发现是证明动物可以像电力机械一样“工作”的一个线索，很快，他和他的侄子兼助手乔瓦尼·阿尔迪尼（Giovanni Aldini）就将这个实验扩展到了其他各种死去动物的肌肉上。

不久之后，这个演示实验变成了一场令人毛骨悚然的“派对表演”：一组用电线绑在一起的青蛙腿会同步收缩，而切断的鸡、羊和牛的头也可以在电的控制下抽搐。阿尔迪尼带着这个实验在欧洲环演，众多前来参观的人无一不惊讶于这一现象。1803年，当阿尔迪尼的巡回演出到达伦敦时，一具杀人犯的尸体被从纽盖特监狱的绞刑架上带了下来，送到了皇家外科医学院。在那里，阿尔迪尼对尸体的面部进行了通电。据当时的报道，“死尸的下巴开始颤抖，周围相连的肌肉严重扭曲，左眼也睁开了”。连接到身体其他部位的导线也引起了不同程度的痉挛，包括握紧拳头、踢腿、拱起背部。现在看来，电似乎是一种可以为所有生物体注入生命的力量，玛丽·雪莱（Mary Shelley）在

1818年的小说《弗兰肯斯坦》（*Frankenstein*）中生动地描述了这一现象。甚至在后来的同名电影中，出现的怪物形象也是用身体的各部分拼接在一起的，可以利用电使其恢复活力。

我们现在知道，神经冲动在本质上确实是电性的，可以通过外部电势的刺激来产生可测量的反应，这在心脏起搏器中得到了很好的应用——可以精确地调整有问题心脏的跳动节奏。大脑的电活动也可以在一种被称为电休克疗法的治疗中得到改变，这种疗法有时用于治疗严重的抑郁症，但其疗效很难预测。物理学家亚历山德罗·伏特（Alessandro Volta）将伽伐尼的动物电称为伽伐尼电流，这个名字一直沿用至今，我们会说听众听到鼓舞人心的演讲之后“就好像被伽伐尼电流激发了一样行动了起来”。

伽伐尼还用青蛙腿搭建了一个闪电探测器，证明了雷雨中的闪电具有电性。实验中，每条青蛙腿的一端被连接到一根暴露在自然环境中的垂直金属棒上，另一端被连接到一根通入井中的电线（用于接地）上。当闪电出现时，青蛙腿会抽搐（雷声出现的时间明显较晚），从而证明闪电是带电的。

电池

伏特继续开展着这类实验研究，但他开始使用活青蛙进行实验。在一个具有里程碑意义的实验中，他发现，如果电路只由青蛙和两种不同的金属组成，他就可以不用外部的发电机了（就是我们很快会在下文中提到的火花发电机或莱顿瓶）。这似乎证明了可怜的青蛙本身就是电力的来源，说明动物电的概念是正确的。然而，随后的研究表明，用两种不同的金属连接（通过一个潮湿的界面连接）也可以做到这一点。伏特发明了后来被称为伏打电池的东西，现在简称为电池（其大小用伏特这个单位来衡量），电路中也不再需要青蛙了（实际上你的手机里也不应该有青蛙）。

电池取代了莱顿瓶，成为实验室里最简单的发电系统。莱顿瓶于1740年在莱顿被发明出来，它是一个巨大的玻璃容器，容器内外表面涂有一层金属箔，部分被水没过。一根金属棒位于瓶子的轴线上，穿过瓶子口，并连接到瓶子底部的内箔上。这个瓶子可以储存静电，正如本书前面所提到过的，富兰克林证明了莱顿瓶之所以能储存静电，是因为电荷驻留在玻璃表面上（莱顿瓶本质上就是一个大电容器）。电池使用起来比莱顿瓶更方便，使得电学这门新科学的研究相对容易了一些。

电池有一个正极和一个负极，这就像磁铁有一个南极和一个北极一样（这似乎隐约暗示了电和磁可能有联系）。18世纪末，法国物理学家查利·奥古斯丁·库仑（Charles Augustin de Coulomb）发现电荷间和磁极间产生的相互作用的大小都与它们距离的平方成反比（平方反比定律），这进一步证明了这两种现象之间有潜在的联系。库仑对磁性起源的解释是建立在假设存在两种磁性流体（即南极中的流体和北极中的流体）的基础上的，这两种磁性流体由于未知的原因被束缚在磁铁中。

汉斯·克里斯蒂安·奥斯特：电流产生磁场

1820年4月，哥本哈根大学的物理学教授汉斯·克里斯蒂安·奥斯特观察到了一个非常重要的现象。他注意到，当接通和断开通过导线的电流时，在导线旁放置的指南针的指针会突然偏转。但是这个现象不够明显，奥斯特只观察到指南针有轻微的摆动。他在一次演讲中展示了这一效应，后来的记录中提到“由于该效应非常微弱……这个实验没有给观众留下深刻的印象”。但是，这足以给奥斯特留下深刻印象了。随后的实验表明，电流产生的磁场环绕在导线周围，如图4所示。奥斯特花了一段时间来证明这个结果，因为他最初设想，任何可能的效应都会平行于导线产生，于是他在平行于导线的方向上不断探寻。非常令人惊讶的是，这种效应在沿着导线的方向上完全不存在，而是在垂直于电流流动的方向上才有。此外，磁场线并没有从导线上向外辐射出去，而是以循环回路的形式围绕着导线流动。这是一个非凡的发现，虽然人们预期到了电和磁之间的联系，但这种循环回路效应仍然令人吃惊。

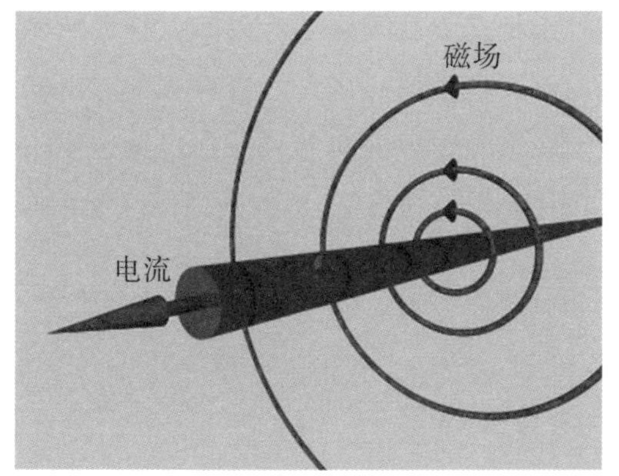

图4　电流周围的磁场

电流周围的磁场具有循环性质之所以特别有趣，部分原因是它表现出了明确的手性：磁场在某种意义上只能以一种方式围绕电流存在。奥斯特将这种现象描述为“右旋螺旋”，这个词来源于植物学，通常指攀爬植物的螺旋性，这种植物攀援的时候通常沿着一个特定的手性方向进行。令人遗憾的是，奥斯特的生动描述并没有广泛流传下来，但约翰·安布罗斯·弗莱明（John Ambrose Fleming）爵士想出了一种方便记忆的方法，这种方法被学生们广泛使用——他们通过弗莱明右手定则来获知磁场线的缠绕方式(弗莱明爵士也发明了真空管，见第八章)。

奥斯特关于电流产生磁场的发现意义重大。到当时为止，人们只有利用天然磁石才能制造出磁场，而天然磁石是一种只能从岩石中开采出来的天然磁性矿物。而现在，人们可以在实验室中人为地制造磁场。你只需要一块电池和一根电线，在电路中接入一个开关后，你便可以在任何你想要的时候打开或关闭磁场。没有一块天然磁石是带开关的，所以磁石产生的磁场是一直存在的。事实上，你还可以就此问题进一步展开实验——在电路中使用可变电阻（像一个调光控制器）就可以增减磁场的强度，这在磁石中是无法实现的。

安德烈·玛丽·安培和电动力学

安德烈·玛丽·安培在1820年9月听说了奥斯特的发现，并开始试图解释它，这是一项艰巨的任务，因为奥斯特的描述相当粗略，而且没有任何图表（尽管奥斯特的成就是相当了不起的，甚至可以与测量地球磁场这一成就相媲美，但是这只是他在大脑中的一种构想）。安培在巴黎综合理工学院任教，他有良好的数学、物理方面的知识背景，他也不介意自己动手做实验。他推论说，既然磁体可以相互吸引或排斥，而且奥斯特也证明了载流导线可以产生磁场，那么载流导线就可以相互吸引或排斥。为了验证这一假设，安培设计了一种灵敏的天平来测量载流导线之间的作用力，事实证明载流导线之间确实存在一种非常微弱的力。如果两根导线的电流方向相同，则这两根导线之间具有吸引力；如果电流方向相反，则具有互斥力。他用安培定律来描述这种新效应，即作用在两根通电导线上的力的大小与导线的长度成正比，与每根导线上的电流的大小成正比。安培还对物质中磁性的起源进行了推测，由于奥斯特已经观察到电流会产生磁场，因此，可以简单推断出磁铁本身可能包含基本的微观电流。于是，安培把磁铁想象成动态的、充满了持续流动的微观电流的物体，这些微观电流使得磁铁周围出现了磁场。安培将他的理论称为电动力学。

到了1826年，安培准备宣布他发现的电动力定律的数学推导，并在他基于实验推测的电动力现象的数学理论备忘录中给出了结果。从此项工作中推出的安培定律可以用现代的说法这样描述：围绕着一根导线的环形磁场强度之和与导线上的电流的大小成正比。它为奥斯特的实验提供了精确的数学描述。

奥斯特所做实验的一个缺点是，通电导线产生的磁场实际上是相当弱的，而且随着与导线距离的增加，磁场变得更弱。安培想出了一种巧妙的方法来放大这种效应，即把导线绕成一个线圈，使得一根导线能够产生许多个磁场，这些小的磁场叠加起来就变成了一个更大的磁场。线圈内部的磁场强度是相当均匀的，而且比线圈外部的磁场强度更强，其大小与线圈上每单位长度的线圈圈数成正比。这种装置被称为螺线管（solenoid），这个词源自希腊语，意思是“管状”。还有一种放大磁场的方法是将线圈绕在一块马蹄形的铁片上，这样铁片被线圈磁化，并且磁铁两极之间的磁场可以非常强，电磁铁就是在此基础上发展起来的。

1824年，威廉·斯特金（William Sturgeon）制造了一台机器，他将铜线绕在用铁制作而成的马蹄形磁铁上，马蹄形磁铁两极之间的磁场可以通过施加电流来控制。从19世纪20年代后期开始，人们制造出了越来越大的电磁铁，约瑟夫·亨利（Joseph Henry）在美国进行了推广，他非常高兴能不断制造出打破他自己保持的最大、最强电磁铁的记录。亨利的创新之处是对绕在铁芯周围的电线进行了绝缘处理，这使得更多的线圈可以被绕在铁芯上，从而进一步增强了磁场。

迈克尔·法拉第和力线

磁学中，一些重要实验的开展跟迈克尔·法拉第有关。作为一名出身普通的20岁装订工学徒，法拉第向著名化学家汉弗莱·戴维（Humphry Davy）爵士展示了一些装订本，这些装订本是他整理的戴维的公开演讲笔记，他因此获得了在英国皇家研究所担任戴维爵士科学助理的工作机会。法拉第最终接替戴维成为英国皇家研究所的主任，并将毕生精力都投入到了科学研究中。在戴维还是主任的时候，有关奥斯特和安培工作成果的相关消息传到了伦敦，很明显这是一个令人振奋的消息。奥斯特发现电流能产生磁场，而安培证明了两根载流导线之间会产生相互作用力，因此，有潜在可能性可以利用磁将电能转换为机械能做功。与安培当时的实验条件相比，皇家研究所拥有更强大的电池组，因此，法拉第能够轻松地重复安培的实验。

法拉第接着做了一个实验，发现磁棒会对载流导线产生作用力，有趣的是，这个力的方向垂直于磁场的方向（用指南针测量的）和电流的方向。这一发现给了法拉第发明新型机器的灵感，他推断，如果能够合理地安排实验装置，一根载流导线也许能绕着磁铁保持连续的圆周运动。然后，他开始着手工作，将一根磁棒垂直地固定在圆柱形烧杯的底部，并在烧杯中注入水银，烧杯上方的支点悬挂着一根金属线，金属线与水银的表面呈一定角度（见图5）。当电流流过金属线时，金属线便绕着磁棒旋转。这是因为磁棒产生的力作用在了金属线上，这个力的方向与金属线的方向垂直。

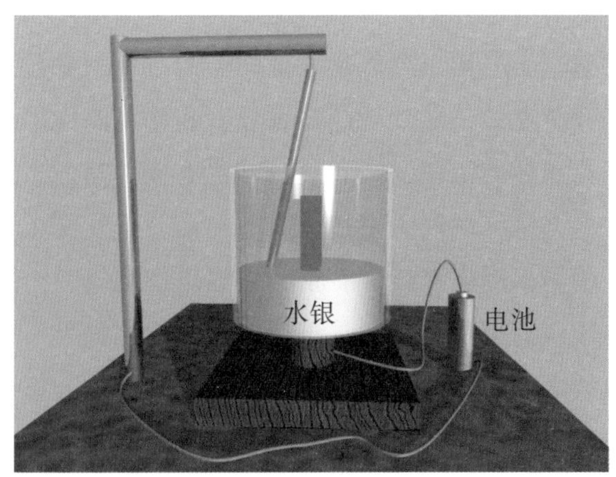

图5　法拉第的电动马达

法拉第制造了第一台电动机后，他马上发表了文章来宣布他的发现，在匆忙中，他忽略了致谢他与他上司的讨论。戴维和威廉·沃拉斯顿（William Wollaston）曾试图制造一个电动马达，但没有成功，法拉第曾经和他们二人都讨论过这个问题。法拉第比二人聪明是一回事，但不得不说，他在文章里不提及与二人的讨论是不明智的，这也造成了法拉第和戴维的关系严重变得紧张。

尽管和同事们关系紧张，法拉第还是制造出了我们现在所熟知的单极马达，之所以这样命名，是因为电流始终朝同一个方向流动。他的机器看似是一个玩具，但证明了电能转化为机械能的原理。后来的电机设计中很快就加入了所谓的换向器，这是一种旋转开关，在电机旋转时会周期性地改变电流的方向。

法拉第的下一个突破是1831年的另一项发现，即电磁感应。促使他产生做相关实验的想法的理由是，如果像奥斯特所证明的那样电流可以产生磁场，那么反过来，磁场可以用来产生电流也可能是正确的。法拉第就是按照这个猜测进行研究的，他发现绕在铁环一侧的线圈中的电流可以在绕在铁环另一侧的线圈中诱导出电流。然而，这个诱导出的电流持续的时间很短，电流在第一个线圈中稳定流动后，诱导出的电流就没有了，它只出现在第一个线圈的电流接通后的短暂时间内。更让法拉第吃惊的是，当第一个线圈的电流断开时，第二个线圈会产生另一个短暂电流（接通电流时产生的效应也许是可以想象的，但在电流断开时还能看到效应就足以令人吃惊了）。法拉第在他的实验中似乎意识到的是，只有铁环中的磁场发生变化时，第二个线圈中才会被诱导出电流。

为了理解这个说法，我们先不考虑法拉第最初的例子，而是想象一个更加理想的模型——想象一根金属导线垂直向下穿过一个固定的磁场，导线中有电荷，但正电荷和负电荷相互抵消。因为金属导线垂直向下移动时，电荷也会随之一起向下运动，磁场会对运动的电荷施加一个力，但力的方向与电荷的性质有关（电荷为正电荷时力向右边，电荷为负电荷时力向左边），这意味着导线中被诱导出了电流（在真正的金属导线中只有负电荷移动，但这并不改变结论）。看起来是导线的运动诱导导线中产生了电压，从而驱动了电流的产生。这样，我们现在就有了一种新的产生电压的方法：除了利用电池之外，我们还可以在磁场中移动导线。但是如果我们保持导线不动，移动能产生磁场的磁铁也可以得到同样的结果。

我们想象有一个环形导线在某一点断了，断开的两端连接在一个电压表上，再在垂直于导线环的方向上施加一个稳定的磁场。毫无疑问，此时无法从电压表上读出电压，因为电路中没有别的东西。如果施加的磁场随时间发生变化，那么电压表就开始显示出数值了。随着磁场强度的增加，导线中出现了电压，电压的大小依赖于磁场变化的速率，此电压被称为由变化的磁场引起的电压。

你还可以用多种方式改变通过导线环的磁场。例如，你可以保持磁场恒定，让线圈在磁场所在的空间中移动。为了让效果更加明显，可以用多个导线环组成的线圈代替单个导线环，此时感应出的电压值与线圈上的匝数成正比。法拉第意识到可以利用这种效应将机械能（旋转磁铁或者线圈产生）转化为电能（感应电压产生），从而产生一种全新的发电方式。虽然法拉第在1831年就发现了电磁感应现象，但大约在同一时期，亨利在纽约的奥尔巴尼学院也进行了类似的工作，亨利后来成了华盛顿特区史密森博物馆的第一任馆长。

法拉第首次证明电磁感应现象时采用的是固定在磁场中的旋转金属盘，但这并不是唯一的方法。法国仪器制造商波利特·皮克西（Hippolyte Pixii）在1832年制造了手摇旋转机器，其工作原理与此相同。之后不久，许多这样的发电机相继问世。实际上，发电机的设计已经被匈牙利工程师阿尼奥斯·杰德利克（Ányos Jedlik）申请了专利，他在1827年设计并制造了一台带有换向器的机器，这台机器和现代电机的某些部分是一样的。

法拉第不仅发现了很多科学效应，他还创造了很多科学术语，“阴极”“阳极”“电极”“阳离子”“阴离子”“离子”和“电解质”等术语的创造都是他的功劳。在创造这些新词时，他经常受到威廉·胡韦尔（William Whewell）亲切而坚定的指导。任职于剑桥大学的胡韦尔是哲学家、科学家和神学家，他会礼貌地拒绝他认为不合适的建议，并经常引导法拉第采用他自己的建议。“科学家”和“物理学家”这两个词就是胡韦尔创造出来的（法拉第非常不喜欢“物理学家”这个词，因为它很难发音）。

尽管法拉第没有受过数学方面的训练，在数学方面的能力欠缺（这一度让他比较尴尬），但他仍然取得了巨大的科学成就。在写给安培的信中，他半道歉半遗憾地说，他“在数学理论方面的不足”，使他“在理解这些学科方面很迟钝”。他坦言：“不幸的是，我缺乏数学知识，也缺乏进行抽象推理的能力。我不得不根据紧密联系在一起的事实进行摸索，因此，在一门学科的分支发展中，我常常被落在后面。”尽管如此，他更直观的方法也带来不少优势，他因此写道：“我很欣慰地发现，在进行实验工作时无需担心数学，有科学发现就足够了。”

AC/DC：交流电与直流电之战

在19世纪，现代电磁世界的基本物理原理已经确定了。涡轮发电机的出现是法拉第通过旋转磁铁来发电这一想法的工业化体现。涡轮机可以由风力或水力发电站的水力来驱动，也可以由蒸汽提供动力，而蒸汽本身是由核裂变产生热量、燃烧煤炭或用天然气煮沸水产生的。无论采用何种方法，旋转磁铁产生的电流都满足了世界各地的城市对电力的需求，电力照亮了街道，为电视和电脑供电，并为我们提供了丰富的能源。法拉第的发现改变了我们的世界，旋转磁铁发电是现代世界发展的引擎。

19世纪末，科学家们对法拉第电磁感应定律的理解促进了电力的广泛生产，使得这种新能源有可能被直接输送到家庭。尼古拉·特斯拉（Nikola Tesla）（图6）是将这一可能变成现实的科学家之一，他是一位有自我驱动力的塞尔维亚天才，他在设计电子装置方面的非凡创造力与怪癖都实属罕见。特斯拉痴迷于通过组建三人小组完成工作任务，也热衷于搞公共卫生，晚年他在纽约中央公园照顾鸽子，和它们交朋友，还把其中一些鸽子带回了自己的公寓。他是最早认识到实际电力分配最好用交流电（AC）而不是直流电（DC）的人之一，也就是说，采用一个振荡变化的电压而不是一个固定的电压。在职业生涯的早期，特斯拉就构想如何利用三个互成120°夹角的线圈产生的旋转磁场来制造交流电动机或发电机。如果在这些线圈中通入彼此成120°夹角的交流电，那么其产生的旋转磁场就可以用来在机器中产生扭矩。这是交流发电机、感应电动机和其他交变电流发电机的工作原理，也是现代电力技术的基础。1884年，特斯拉搬到美国后，这些想法还没有实现，此时他得到了他的第一份工作——为美国发明家托马斯·阿尔瓦·爱迪生（Thomas Alva Edison）（图6）工作。爱迪生虽然承认特斯拉的才华，但没有提拔他。特斯拉随后成立了自己的公司，与爱迪生的公司进行竞争，不幸的是，后来特斯拉被他的商业伙伴所欺骗，公司倒闭了。最终，他与爱迪生的另一个竞争对手乔治·威斯汀豪斯（George Westinghouse）成立了一个不稳定的联盟，这个新的联盟成就了他交流电动机的商业生产。

图6 托马斯·阿尔瓦·爱迪生（左）和尼古拉·特斯拉（右）

爱迪生被公认为杰出的发明家，但他有一个致命的弱点，就是认识不到自己所发明事物的商业价值。他在一个旋转的蜡筒上记录下了他的声音（如著名的“玛丽有只小羊羔……”），这一发明其实预示着家庭音乐系统的到来，但他认为他的“留声机”只能用于办公室的口述记录。爱迪生在开发实用电灯方面的工作本应使他成为千万富翁，但在当时，他却执意用直流电去安装这些系统。爱迪生不是理论物理学家，理解交流电所需的数学知识也超出了他的能力范围；相比之下，特斯拉是一位才华横溢、直觉敏锐的数学家，他能立即看出交流电的优点。爱迪生的竞争对手们，包括威斯汀豪斯创立的公司西屋电气（Westinghouse），也可以提供产生交流电的家用电力系统，而且价格要便宜得多。由于直流电系统存在发电厂和需求地之间电压大幅度下降的问题，所以发电厂必须位于相当接近住宅区的地方，并且需要大直径的电线来减小电阻，这些因素都增加了生产成本。另一方面，交流输电系统可以在高电压下远距离传输电力（但电流小，可以减小电线的直径），然后在接近需要电力的地方可以转换成低电压。

家庭照明的需求促使科学家们尽快找到了将电力直接输送到家中的方法。虽然今天我们依靠电力为许多电器供电，从电脑到冰箱，从手机到电视……但这些设备在当时不仅不存在，甚至在人们的想象中也没有。做饭、烤面包和烧水这些需求都可以用其他方法很容易地实现。但是，对爱迪生发明的电灯的需求，成了将电力输送到各个城市的主要推动力。

爱迪生不信任交流电，因为交流电需要更高的电压，他坚持认为交流电会更加危险。为了证明这种危险的存在，他让他的一些技术人员用交流电电击不同的动物，主要是流浪猫和流浪狗。尽管爱迪生本人反对死刑，但当纽约州就电刑可否成为处决囚犯的最佳方式征求爱迪生的意见时，他立即推荐使用交流电。爱迪生的这种做法有很糟糕的动机，他想通过在美国公众的脑海中牢固树立交流电的危险性，来败坏他对手的名声。在这场贬低竞争对手的运动中，爱迪生的一名员工甚至比他的老板更过分，他建议应该为执行电刑的过程引入新的术语，即用“西屋电气”这一词汇来代表处决犯人。当然，电刑这个名字最后被沿用了下来，但是在1890年的第一次电刑中也确实使用了交流电，在这个电刑过程中，连续两次的电击尝试才将那名不幸的囚犯杀死。

然而，尽管爱迪生采用了这些令人厌恶的策略，他还是输掉了这场电流之战。西屋电气公司建造了使用交流电的发电厂，1896年位于尼亚加拉瀑布的发电厂取得了显著的成功并被广泛报道，其中，特斯拉的技术成为主导。在这场电流之争中，爱迪生并不是唯一输家，爱因斯坦的父亲原本在慕尼黑经营一家生产直流电设备的公司，随着交流电的兴起，该公司在爱因斯坦15岁时倒闭，最后爱因斯坦全家被迫搬到了意大利。

现代社会是建立在广泛可用的廉价电力之上的，几乎所有的电力都由涡轮机中旋转的磁铁产生，并遵循奥斯特、安培和法拉第发现的定律产生电流。但是，电和磁之间的潜在联系到底是什么呢？我们将在下一章中讨论这个问题。

第四章

电和磁的统一

$$\nabla \underline{E} = \frac{\rho}{\varepsilon_0}$$

$$\nabla \underline{B} = 0$$

$$\nabla \times \underline{E} = \frac{\partial \underline{B}}{\partial t}$$

$$\nabla \times \underline{B} = \mu_0 \left(\underline{J} + \varepsilon_0 \frac{\partial \underline{E}}{\partial t} \right)$$

电效应和磁效应似乎是两种不同的现象，然而奥斯特、安培和法拉第所做的工作都表明它们之间有联系。电动机和发电机的出现和发展表明，可以利用这种电与磁之间的联系发展有用的技术。但到目前为止，我们只是简单地陈述了一些被发现的规律，而没有讨论电和磁之间联系的根本起源。麦克斯韦对二者之间的关系进行了深刻的描述，他关于电和磁的统一理论是理论物理学中最微妙、最富有想象力的发展之一。这个理论不仅统一了电和磁，还通过解释光是什么来实现了这种统一。

詹姆斯·克拉克·麦克斯韦

麦克斯韦于1831年出生于爱丁堡，之后在苏格兰乡村格伦奈尔长大。他一开始在家接受教育，直到10岁时，才被送到爱丁堡学院。在那里，他穿着与众不同的自制衣服，而且经常心不在焉，这为他赢得了“愚蠢”的绰号。但正如他在14岁时写的第一篇科学论文所证明的那样，他并不愚蠢。1850年，麦克斯韦去了剑桥彼得豪斯（Peterhouse）学院，然后转到了三一学院，并于1854年获得了奖学金。在那里，他致力于色彩感知方面的研究工作，并将法拉第关于电力线的想法建立在了坚实的数学基础上。1856年，他在苏格兰阿伯丁（Aberdeen）的马里沙尔学院担任自然哲学系的教授，主要研究土星环理论（土星环由20世纪80年代的“旅行者”号宇宙飞船的造访而得到证实），1858年，他与校长的女儿凯瑟琳·玛丽·杜瓦（Katherine Mary Dewar）结婚。

1859年，他受德国物理学家鲁道夫·克劳修斯（Rudolf Clausius）关于气体扩散的一篇论文启发，构思了至今仍在使用的气体的速度分布理论。然而，这些成就并没有帮他保留住大学教授的职位。1860年，阿伯丁的两所大学合并，令人难以置信的是，当局决定解雇两位自然哲学教授中的麦克斯韦。莫名其妙地丢掉这份工作后，他去了伦敦国王学院。在那里，他拍摄到了世界上第一张彩色照片，并提出了至关重要的麦克斯韦电磁理论，该理论描述了迄今为止发现的所有现象。此外，他还提出了光是电磁波这一认识。

凭借强大的数学能力，麦克斯韦完全能够在电磁理论这个重要课题上取得进展。麦克斯韦虽然精通数学，但相比较而言，他在物理学方面的洞察力更胜一筹。在这一方面，他从法拉第的实验而不是数学家的形式主义中得到了灵感。麦克斯韦在《论电和磁》（*Treatise on Electricity and Magnetism*）一书中写道："拉普拉斯、泊松、格林和高斯的许多数学发现在这篇论文中找到了合适的位置，它们对于概念的恰当描述主要源自法拉第。"换句话说，法拉第从实验中获得的完全非数学形式表达的认识是唯一合理的起点。麦克斯韦指出，他"意识到法拉第对现象的理解方式与数学家的不同，因此他和数学家对彼此的描述都不满意。我还确信，这种差异并不是因为某一方错了"。这是麦克斯韦咨询物理学家威廉·汤姆森（William Thomson）后产生的理解。法拉第所做的磁铁周围的铁屑能产生图案的实验，为他提供了一张"力线"围绕在磁铁周围的图片。1849年，年轻的汤姆森引入了"力场"（field of force）一词，或者简称为"场"（field），来描述这一系列的力线。法拉第不认可"超距作用"这个抽象概念，但认可这种磁效应，他认为这种磁效应存在于所有空间。他知道它就在那里，因为他能看到它的效果，当汤姆森在这些概念的基础上添加了一些数学描述时，他受到了极大的鼓舞。麦克斯韦和汤姆森都认同法拉第的见解，因为他们对另一个科学分支——流体力学——很感兴趣。

阿尔弗雷德·丁尼生（Alfred Tennyson）勋爵在他的诗《小溪》（*The Brook*）中对水流进行了令人难忘的描述，在这首诗中，他用拟人的手法描述了小溪在经过"农田和休耕地"到"汹涌的河流"的过程中感受到冒泡和潺潺水声的感觉：

> 我滑过，我滑行，我变暗，我闪烁，
> 在掠过的燕子中间穿梭；
> 我让捕获的阳光翩翩起舞，
> 映照在铺满沙子的浅滩上。

汤姆森和麦克斯韦都对流体力学理论的发展做出了贡献，他们都具有描述流体流动所需的矢量场方面的数学基础，即用空间中假想的小箭头来表示流体在每个点的速度。流体的运动，包括滑过、滑行、变暗和闪烁，都可以用方程来描述，这为理解流体如何沿着流线流动，以及如何在漩涡周围转向提供了一个模型。汤姆森和麦克斯韦特别认同这样一种观点：分布在空间中的电场和磁场，可以被建模成向量场，这个向量场类似于描述流体速度的矢量场。这样做的灵感来自法拉第和他的实验。由于法拉第对电学方面的实验研究如痴如醉，麦克斯韦赞赏地说道：

> 法拉第的工作记录了一些最伟大的电学发现

和研究，是一篇严格意义上的当代历史记录，其顺序和连续性很难再改进，就好像从一开始就知道结果一样，而且这些结果的表达语言，已经将重点放在了准确描述科学操作及其结果上。

麦克斯韦接着说：

当我继续研究法拉第时，我意识到他构思现象的方法其实也是一种数学方法，尽管他没有用传统的数学符号展示出来。我还发现这些方法能够用普通的数学形式来表达，因此，这些方法可以与数学家的方法进行比较。

例如，法拉第在他的想象中看到力线穿过整个空间，数学家们则看到那些远处吸引力的中心。法拉第看到的是一种媒介，数学家们只看到了距离；法拉第在寻找实际现象的起源，即介质中正在进行的作用，数学家们则非常满意于发现了一种能远距离作用于电流上的力。

当我把我认为是法拉第思想的东西翻译成数学形式时，我发现这两种方法得出的结果大体上是一致的，因此，可以用来解释同一种现象。而且，由这两种方法推导出了相同的作用定律，但法拉第的方法类似于我们从整体开始，通过分析得出局部，而普通的数学方法则是从部分开始，通过综合分析得出整体。

我还发现，数学家们发现的几种最有效的研

究方法，如果用法拉第的思想来表达，可以比它们最初的形式表达得更好。

麦克斯韦方程组 (Maxwell's equations)

麦克斯韦的电磁学理论可以总结为四个简洁优美的方程式。虽然本书不详细介绍方程，但麦克斯韦方程组实在太重要了，我们至少要在这里简单说明一下。该方程组描述了电场和磁场的行为，以及它们与电荷和电流的关系。

麦克斯韦方程组的第一个方程说的是，每一条电场线都从一个正电荷发出，终止于一个负电荷。正电荷看起来像是电场的小工厂，电场线从那里出来，发散向各处，而负电荷则是电场的消耗者，电场线向其中聚拢，见图7（a）和（b）。用接近数学表达式的方式表述（如果你想要看到真正的数学表达式，请参阅本书末“数学附录”），我们可以写出第一个方程：

电场的散度 = 电荷总量　　　　（1）

也就是说，如果某个区域的电荷为正，则电场的散度为正；如果电荷为负，则电场的散度为负（散度是一个有着精确技术定义的术语，这里不再赘述，如果你有兴趣，请参阅本书末“拓展阅读”中的书籍）。麦克斯韦的这个方程是在德国数学家卡尔·弗里德里希·高斯（Carl Friedrich Gauss）的工作基础上建立起来的，他用了高斯提供的数学公式来表述问题，因此，麦克斯韦的第一个方程包含了大家熟知的“高斯定理”。重申一下，麦克斯韦的第一个方程指出，在有电荷的空间区域，你可以测量到远离或进入电荷的电场线；在没有电荷的空间区域，则不会有电场的散度。

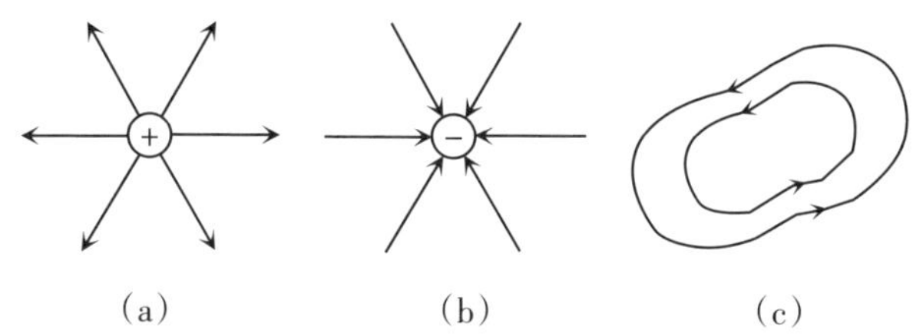

（a）电场线起始于正电荷；（b）电场线终止于负电荷；（c）磁场线只存在于环路中，它们从不在任何地方开始或终止。

图7　电场线和磁场线

麦克斯韦方程组的第二个方程，简而言之，指的是磁性物体中没有类似电荷的磁荷存在。磁荷（有时被称为磁单极子）不存在（我们将在第十章中讨论这一点，在这里我们把它作为一个已知结果），通过与电场的类比可以发现，这意味着没有磁场线远离或进入发散的那个点。因此，磁场线不能在任何地方停止或发出，而是必须在回路中无限循环，见图7（c）。这正是法拉第等人在实验中所观察到的结果。等效表达式为：

磁场的散度 = 0 （2）

但是，是什么因素决定了这些场如何循环往复呢？这就是第三个方程的主题。让我们从电场开始讲起，我们已经说过，它们只是从正电荷辐射出去，或者向负电荷汇聚，所以电场不会循环。然而，如法拉第的电磁感应定律所示，如果存在变化的磁场，则电场就会被迫形成循环。可以用以下的文字方程简单表示：

电场的环流 = 变化的磁场 （3）

关于磁场，如安培的实验所示，环流是由电流（即电荷的流动）产生的。因此，我们将第四个方程写成：

磁场的环流 = 电流 （4）

此时，上面提到的麦克斯韦的四个方程只包含了对已知实验结果的总结。然而，麦克斯韦在黑暗中做出了以下令人惊叹的大胆思考：已知变化的磁场会产生电场（也就对应了法拉第感应电压），那么，如果一个变化的电场也能产生一个磁场会怎样呢？麦克斯韦意识到，如果是这种情况，那么应该在方程4中插入一个额外的项，将其更改成如下形式：

磁场的环流 = 电流 + 变化的电场 （4'）

添加的这一项恰好是完整理论的最后一块拼图。人们已经知道电和磁是有联系的，但不知道是如何联系的。当麦克斯韦审视这组方程时，他意识到，如果将这些方程当作一个整体来看，就可以看出电和磁之间是如何联系的。想象一下，如果你让电流在导线中上下振荡，这将在周围空间产生一个振荡的磁场（根据方程4），振荡的磁场又将产生一个电场（根据方程3）。这个存在于导线周围空间中的电场会随着时间而变化，因此又会产生磁场（根据方程4），这个磁场也随着时间而变化，并产生电场（根据方程3），依此类推。麦克斯韦意识到，电场的这些变化将导致磁场的变化，反之亦然，由此便产生了一个自我维持的在空间中传播的变化电场和磁场形成的波。麦克斯韦预言了电磁波的存在（事实上，在导线中的振荡电流就是一个无线电发射机，它产生了电磁波）。

但是，这个电磁波会以什么速度进行传播呢？要回答这个问题，我们只需要求解由麦克斯韦方程组联立得到的波动方程。对于现在来说这是一个相对简单的过程，物理学专业的本科生经常被要求去解这个方程组，但是当时对于麦克斯韦本人来说，这并非易事。他面临的主要问题是，当时使用的电学量和磁学量的单位完全不同，而且也互不兼容，很难对应。（你试着想象求解以下问题：如果你的汽车速度表每两周用单位弗隆[①]校准一次，那么开车到一个遥远的城镇需要花多长时间?）麦克斯韦在苏格兰的庄园度暑假的时候，突然想到了电磁波的概念，但他的物理量单位对照表却在他剑桥的办公室里。他不得不痛苦地等待着假期的结束，直到他回去进行准确计算。最终，完成计算后，他很高兴地发现电磁波的速度正好等于法国物理学家依波利特·菲索（Hippolyte Fizeau）测量的光速。

① 译者注：弗隆(furlongs)为英国长度单位，1 弗隆(furlong) = 660英尺。

光速

1850年，莱昂·傅科（Léon Foucault）改进了菲索1849年用于测量光速的实验装置，下面将介绍傅科改进后的装置的简化版本：光被发射到一个旋转的镜子上，然后被反射到35 km外的第二个镜子上。在那里，它又被反射回前面的旋转的镜子上。在光往返70 km的过程中，旋转的反射镜旋转了一个小角度，因此，反射回去的光束会沿着与其入射路径不同的路径进行传输。例如，如果旋转的镜子以每秒10转的速度旋转，则这个小角度可以达到接近1°，这就很容易测量了。

菲索和傅科并不是最早测量光速的人，最早的记录可能来自丹麦天文学家奥勒·罗默（Ole Rømer）。他在1676年注意到，木星的卫星木卫一（Io）的轨道周期似乎非常轻微地依赖于时间的变化，而且与地球是朝着木星还是远离木星的方向移动有关。罗默推断，如果来自木星及其卫星的光在远离地球的情况下传播到地球所需的时间比在靠近地球的情况下更长，则可以解释这种时间效应。根据这个效应，他就可以估算光速。菲索和傅科的测量比罗默的测量更准确，也更直接。因此，麦克斯韦知道他有一个可靠的实验值来验证他的理论。

现在，我们来欣赏麦克斯韦推导出来的令人惊叹的结论，然后用现代单位制写出光速 c 的推导公式。他的理论预测，光速应该与自由空间的介电常数（用符号 ε_0 表示，可以使用电容器测量得到）和自由空间的磁导率（用符号 μ_0 表示，可以使用磁性螺线管测量得到）有关。除非光是电磁波，否则我们就无法理解，为什么光速会和这些相当抽象的电的数值之间有任何联系。麦克斯韦预测的这个关系式 $c^2 = \frac{1}{\varepsilon_0 \mu_0}$ 竟然正确地预测了光速！

现代测量出的光速的值是299 792 458 m/s，这意味着从月球发射出去的光，经过一秒多钟就会到达地球。太阳光到达地球的时间刚刚超过8 min。木星发出的光到达地球的时间大约在半个多小时到一个小时之间，准确的时间取决于二者在其轨道上的相对位置（正是根据这个位置差异，罗默才能在1676年进行测量）。光的速度非常快，它的速度是由电磁特性决定的。

海因里希·赫兹（Heinrich Hertz）在1886年所做的实验证明了麦克斯韦的预言是正确的，他的实验展示了火花隙放电可以产生电磁波，而且产生的电磁波可以被放置在附近的由铜线和黄铜球组成的接收器所接收。后续的测量表明，这些电产生的波的速度等于光速。赫兹制造了世界上第一台无线电发射机和接收机，他于1894年早逝，享年36岁，这使他无法看到自己的发明在古列尔莫·马可尼（Guglielmo Marconi）等人努力下的进一步发展。赫兹没有预见到无线电的实际可能性，但有人跟他一样没有看出来——1892年成为开尔文勋爵的汤姆森曾声称“无线电没有未来”。开尔文勋爵在未来预测方面的工作做得很差，他对X射线和航空领域也同样不屑一顾。

在伦敦国王学院任职期间，麦克斯韦主持了一个委员会，该委员会建立了一种新的单位制体系，并成功用其来解释电和磁之间的联系（后来被称为“高斯单位制”或“厘米-克-秒单位制”——尽管称为“麦克斯韦单位制”更合适）。1865年，他辞去了国王学院的职务，搬到了格伦奈尔，在那里他写下了《热的理论》（*Theory of Heat*），引入了现在为人所知的麦克斯韦关系和“麦克斯韦妖”的概念。他申请了圣安德鲁斯大学（St Andrews University）校长的职位，但没有成功，1871年他受聘为剑桥新设立的实验物理学教授这一职位［汤姆森和赫尔曼·冯·亥姆霍兹（Hermann von Helmholtz）[①]都拒绝了这一职位］。在那里，他指导建立了卡文迪许实验室，并撰写了著名的《论电和磁》，该书于1873年出版，书中首次列出了他的四个电磁方程。1877年，他被诊断出患有腹部癌症，后于1879年在剑桥去世，享年48岁。他的一生虽然短暂，但他是有史以来最活跃、最鼓舞人心、最有创造力的科学家之一。他的工作不仅在电磁学领域，而且在物理学的许多领域都有深远的影响。他也过着虔诚而沉思的生活，摒弃自我和自私，对每个人都慷慨而有礼貌。在他临终前，照料他的医生写道：

① 译者注：德国著名物理学家。

我必须说，他是我见过的最优秀的人之一，比他的科学成就更值得称赞的是，在人们所能判断的范围内，他是一个基督教绅士最完美的榜样。

麦克斯韦将自己的哲学观总结如下：

快乐的人能够从当天的工作中认识到这是生命工作的一部分，是永恒工作的一个体现。快乐的人信心的基础是不会改变的，因为他已经成了无限中的一部分。

麦克斯韦是第一个真正认识到光束是由同时传播的电振荡和磁振荡组成的人。电振荡在一个平面上，与磁振荡所在的平面垂直，它们的振荡方向都与传播方向垂直。因此，如果你能看到一束光，你会看到如图8所示的结构。光束中的电和磁的振荡可以用麦克斯韦的四个美妙的方程来解释，它们像一台复杂机器中的齿轮、轮子和心轴一样共同工作，每一个都发挥着作用，让整个奇妙的机械装置保持着完美、和谐。

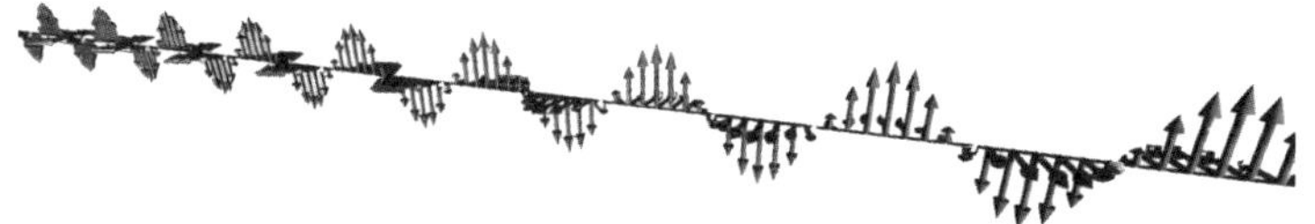

电场在一个平面上振荡，磁场在与之垂直的平面上振荡。

图8　一个电磁波

麦克斯韦对电磁辐射的发现具有深远影响。尽管波的传播速度是固定的，但波长（相邻波峰或者波谷之间的距离）可以取任意值。波长可以是几十米、几百米或几千米，这些波都被称为无线电波。波长在厘米量级的波，被称为微波（微波炉中使用的微波波长通常在12 cm左右）。当波长远短于1 mm，并延伸到略低于1 μm时，这种辐射的电磁波被称为红外线（红外线是接近室温的物体发出的电磁辐射，因此，红外相机用于热成像）。光谱的可见光带，我们通常称之为“光”，其波长位于一个大约在0.4～0.7 μm之间的狭窄区域。比这个波长值小的电磁波是紫外线（可让人体晒黑和/或晒伤）。波长小于10 nm的电磁波，被称为X射线。波长小于百分之一纳米的电磁波，则被称为伽马射线。

麦克斯韦的发现提供了一个非常高瞻远瞩的视角。19世纪发现的许多新现象——X射线可提供人体骨骼内部图像、无线电波可用于传输信息、红外辐射与热传递有关——都是电磁辐射的例子，其本质上都是电场和磁场的振动。科学显然是在做它最擅长的事情，即将看似分离的、无关的现象统一起来，并证明它们起源于同一个物理原因。难怪很多人都在谈论科学即将终结，这一天很快就会到来，所有相关的科学问题都会得到解答，最终的图像将包含在一个理论中。但就在一切似乎都在解决边缘之时，这些开始分崩离析。点燃新革命的火花就是麦克斯韦自己的那些美妙的方程式。

第五章

磁性和相对论

以太

正如麦克斯韦所说，如果光是一种波，那么它一定是通过介质来传播的，比如声音在空气中传播，水在海洋中传播，所以光也一定要通过某种介质才能传播。如果没有传播光的介质存在，那怎么会有光呢？但是，太空中空无一物，究竟是什么东西让光从遥远的恒星传播到了我们这里？目前就人们所知，在太空的内部没有检测到任何物质，太空中真的是空空如也。但是，当时的科学教条认为，光的传播必须要有介质，所以太空中一定存在某种介质让光的传播得以实现。因此，科学家们假定这种介质的确存在，并将其命名为：光传播以太。

要想作为光的传播介质，这种神秘的以太必须具有以下几个特性：第一，以太必须是透明的，否则光无法穿透它并顺利传播；第二，以太必须具有极大的刚性，否则它无法承受高频的光波；第三，光在空间中到处传播，因此，以太必须充满整个空间；第四，以太本身必须没有任何质量，这不仅是因为它看起来就没有质量，而且行星穿过以太绕着太阳高速转动时，没有受到任何阻力的影响也能很好地证明这一点。以太确实是一种奇妙的东西！

我们将在后面的内容中看到，爱因斯坦最终为证明以太不存在做出了决定性的贡献，同时，阿尔伯特·迈克尔逊（Albert Michelson）和爱德华·莫雷（Edward Morley）进行的旨在探测以太的实验（部分受到了麦克斯韦的启发）也有很大的功劳。他们的想法是，如果以太在空间中是绝对静止的，而地球本身在太空中特定的轨道上绕着太阳高速旋转，那么对于以太来说，地球就是运动的；如果对光速进行测量（对于以太来说光速是固定的，但对于移动的地球来说光速并不固定），那么沿着地球在空间中的运动方向和垂直于地球在空间中的运动方向所测量得到的结果应当是不同的。迈克尔逊和莫雷试图用一种叫作干涉仪的装置来研究测量方向对光速的影响，但最终的结论是：沿着平行和垂直于地球的运动方向进行测量，没有发现光速有任何差异。这一结果让人们对以太的存在产生了一些怀疑，或者说这也暗示我们也许需要提出一个新的物理学理论。

针对上述的实验结果，也出现了各种各样的解释、说法。比如，有人认为沿着不同方向测量得到的光速应该是有微小差别的，但是因为实验仪器的灵敏度不够高，所以这种差异未能被测量到。但是，这一猜想很快就被排除了。

也有人认为，最终速度没有差别，可能是因为在相对于以太风的特定方向上干涉仪收缩了，但是由于无法测量出具体的缩短值，所以这一说法也不具有可信度。还有一种猜想认为，也许地球把以太拖到了它周围，厚厚的一层以太包裹在地球外围就像糖浆黏在勺子上一样，那么对于附着的以太来说，地球就是静止的，如此一来，迈克尔逊和莫雷的实验就测不到光速的差别。但是，这一说法后来也被通过天文观测到的恒星的像差排除了，因此这种猜测也并不正确。事情变得越来越不对劲儿了。

光速是恒定的

迈克尔逊和莫雷的实验在时间上先于爱因斯坦的相对论，但这并不是爱因斯坦开展革命性工作的主要动力。爱因斯坦在提出相对论的过程中，并不是因为受到这个复杂实验结果的引导，而是希望建立一个基于原理的新理论，这个理论由诸多基础的论述组成，这些论述指出了和宇宙相关的一些重要内容。

最重要的是，爱因斯坦研究相对论的动机是不惜一切代价地保持麦克斯韦方程组的完整性。问题是：麦克斯韦已经推导出了一个完美的光速表达式，但是光速是相对于谁而言的呢？如果你以每小时70英里①的速度驾驶一辆车，在驾驶过程中打开车的前灯，那么你测量的光速是相对于你这个驾驶员来说的，还是相对于站在路边的人来说的呢？你可能会天真地认为这两个值的大小会相差70英里/小时。在这种情况下，这两个答案中的哪一个和麦克斯韦的方程组保持一致呢？更糟糕的是，人们意识到，如果麦克斯韦方程组对第一个观察者成立，那么它就不再适用于第二个观察者，因为对于第一个观察者来说，第二个观察者在以固定的速度移动。

爱因斯坦提出的解决这个问题的方法是，认为所有观察者测量的任何光束的速度都是相同的。无论观测者在两者之间移动得有多快，无论他们朝哪个方向移动，他们测量的都是同一束光的速度，其值与麦克斯韦计算出的完全一致。通过坚持光速对每个人来说恒定不变，爱因斯坦对人们的认知进行了颠覆。

阿尔伯特·爱因斯坦

爱因斯坦的学术生涯开端并不顺利，1895年，爱因斯坦没能成功进入著名的苏黎世联邦理工学院（Eidgenössische

---

① 译者注：1英里约为1.6千米。

Technische Hochschule in Zürich），而是被送到附近的阿劳（Aarau）州立中学完成中学学业。第二年，爱因斯坦被苏黎世联邦理工学院录取，但在毕业拿到学位后，他没能在那里找到一份助教的工作。退而求其次，爱因斯坦开始在温特图尔（Winterthur）和沙夫豪森（Schaffhausen）的技术学校教数学，最终于1902年在伯尔尼（Bern）的一家专利局找到了一份工作，并在那里工作了七年。尽管爱因斯坦身在专利局的办公室，履行了“三级技术审查员”的职责，但他的心思同时还在别处：他一边进行着日常工作，一边在苏黎世大学攻读博士学位。

1905年，这位不知名的专利局职员提交了他的博士论文（论文中他推导出了扩散和摩擦力之间的关系，并提出了一种确定分子半径的新方法），还在《物理学年鉴》上发表了四篇革命性的论文。他在第一篇论文中提出，普朗克提出的能量子是真实存在的，并能在光电效应中表现出来。基于光电效应所做的工作为他赢得了1921年的诺贝尔物理学奖，颁奖词中指出该奖项是“为了表彰他对理论物理学的贡献，尤其是发现了光电效应定律”。第二篇论文基于原子的统计力学涨落理论，对布朗运动进行了解释。第三和第四篇论文分别介绍了他的狭义相对论和著名的$E = mc^2$方程。这些研究中的任何一项都足以使他在物理学领域青史留名，而且，这些成就也给他带来了具体的回报：第二年，爱因斯坦被专利局提升为二级技术审查员。

爱因斯坦居住在瑞士，他对当地运行良好的火车服务非常熟悉。“我经常乘坐瑞士的火车，它的平稳和准时这两个特点让我印象深刻。坐在火车里面通过窗户向外望，看到旁边行驶的列车时，你很难判断到底是你乘坐的火车静止不动，另一列火车在向后退，还是你乘坐的火车在前进，而另一列火车是静止不动的。哪个判断是正确的呢？车站的存在给我们提供了一个参照系，以便我们能判断哪一列火车在行驶。但是，如果没有车站该怎么办呢？”

爱因斯坦已经开始思考这个观察结果背后的含义，它意味着不存在绝对的运动，所有的运动都是相对的。无论你身处哪个参照系，都应该能够根据物理定律对周围空间中的现象做出一致的解释。爱因斯坦意识到，直到他那个时代为止的物理定律都做不到这一点，而他的相对论则提供了正确的替代选择。

新的理论呼之欲出

要求“所有观察者看到的光速都保持恒定”导致了一些意想不到的结果出现。首先，如果出现了你认为是同时发生的两件事，例如伦敦的时钟在午夜敲响的时间与纽约的时钟在晚上7点敲响的时间是完全相同的（两个地点相隔5个时区），那么此时，在相对于地球来说做高速运动的宇宙飞船中的观察者会认为这两件事的发生有一个先后顺序

(哪件事先发生取决于宇宙飞船前进的方向)。我们太习惯于思考在一个地方发生的事情与在另一个地方发生的事情“完全同时”发生的这个想法，以至于我们没有意识到这样的陈述并不普遍，换句话说，不一定所有的观察者对此说法都会认同。当你坚信“所有观察者看到的光速都保持恒定”这一理论时，上面的说法只是发生的诸多“怪事”中的一件，接下来，类似的“怪事”还会有更多。

如果一名女宇航员驾驶着宇宙飞船相对于你匀速行驶，那么她的手表就会比你的手表走得慢。对她来说，她的时间要慢于你的时间。然而，她会对你做出同样的推断，并认为是你的手表走慢了。这种非同寻常的效应被称为时间膨胀效应，它也已经在实验室中被观察到。

与静止状态相比，在粒子加速器中保持运动状态的短寿命放射性粒子的寿命会更长一些。这是由于在运动状态下它们的内在时钟变慢了，导致它们在衰变前沿着光束线行走的距离比想象的更远。匀速运动的物体也会在运动的方向上出现收缩现象，这种效应叫作长度收缩效应。事实上，上面实验中提到的放射性粒子会被认为它们本身是静止的，而它们周围的环境物体在朝着它们运动。从它们的角度来看（假设某一时刻它们确实有一个自己的观察视角），不是因为它们在衰变之前存活得更久，而是长度收缩效应导致它们存在的空间缩小了。因此，所有的观察者都可以根据爱因斯坦的理论在特定的参照系中找到解释。

为什么这些奇怪的效应在之前没有被注意到呢？爱因斯坦指出，只有当一个物体的运动速度接近光速时，时间膨胀效应和长度收缩效应才会比较明显。人类所经历的速度最快的旅行是阿波罗飞船的一次登月飞行，当时的速度大约是每秒11 km，不到光速的0.4%。即使在这样快的速度下，相对论也只能对之前通过物理理论学得到的结果进行很小的修正。例如，在从伦敦飞往华盛顿的飞机上，在时间膨胀效应的影响下你的手表会慢10～20 ns，但航班延误的时间通常比这长得多（事实上，因为你在距离地面一定的高度下飞行，此时你处在一个稍弱的引力场中，根据爱因斯坦的广义相对论，你的手表与静止的观察者的手表相比快了50～60 ns，不过这是另外一个理论了）。

相对论和磁性

在日常生活中，相对论效应看起来非常微弱，甚至可以忽略不计，而且本书的重点并不是介绍相对论［如果你想知道更多关于相对论的内容，请参阅拉塞尔·斯坦纳德（Russell Stannard）所著的《极简相对论》］。然而，就我们这本书的内容来说，最重要的是爱因斯坦证明了磁性是一种纯粹的相对论效应，如果没有相对论，磁性甚至不会存在。磁性是相对论在日常生活中存在的一个例子。

想象一下，宇宙中只有静止的电荷，任何物质都不移动，也不发生任何现象。电荷分布在空间中，电场线由每一个正电荷发出，并汇聚到每一个负电荷。假设有一艘相对于固定电荷而言以某个速度飞行的宇宙飞船，从这艘飞船上可以观看整个宇宙，在这个视角下，电荷就正在朝着你所在的飞船移动。爱因斯坦的方程表明，从你的角度来看就是某些电场转化为了磁场，磁场就是当你相对于产生电场的电荷在运动时电场的表现形式。

仔细想想，自然界中每次出现磁场，都是因为某个电荷相对于观察者在运动。电荷沿导线流动产生了电流，从而产生了磁场。电子围绕原子进行旋转，这种“轨道”运动导致了磁场的出现。正如我们即将在第九章中了解到的，地球的磁性是由地球内部深处的电流造成的。在任何例子中，运动都是关键，而磁场的出现就是电荷运动的证据。正如当爱因斯坦坐在瑞士火车站的一列火车上时，他只能注意到相邻列车相对于他的运动一样，电荷的相对运动也是通过磁场才能被观察者感知到的。

磁性作为相对论效应的一个值得注意的特点是：普通的电子流动不会非常快。如果计算导线中电荷的速度，也就是所谓的漂移速度，就会得到一个很小的值，有可能是每秒几毫米。这显然比光速要小得多，那么，你为什么会注意到磁场呢？

一根通有电流的导线中含有大量的正电荷和负电荷，正电荷是固定的（在原子中心），负电荷（电子）是可移动的，会沿着导线运动。然而，因为正、负电荷的数量相等，所以这两组电荷完全抵消了。因此，导线中并没有产生电场。这就是你的耳机线不会吸引附近物体的原因。电场力是非常强大的，它可以将所有坚固的物体连接在一起，比如桥梁、墙壁和人。同时，电场力也可以防止人从地板上掉下去。但在通有电流的导线中，由于所有的正、负电荷是平衡的，所以电场力也会被抵消。然而，微小的相对论效应（我们称之为磁场）仍然会存在，并没有被抵消，因为它是由带负电荷的移动电子移动而产生的。

为了让以上说法更加具体，我们代入一些数字进行解释。假设有两根导线，这两根导线中的电流方向相同，设每根导线中电子的漂移速度是每秒3 mm，这个速度是百万分之一光速的百万分之一（也就是$10^{-12}c$，其中c是光速）。如果导线中不存在能与之抵消的正电荷，那么形成电流的负电荷之间的力将是静电性的排斥力，这种排斥力很强。但是因为存在正电荷，所以静电力为零。与静电力相比，两根导线之间的磁力大约为其$1/10^{24}$，因为磁力来源于很微弱的相对论修正。但安培仍然能够在他的实验中观察到它，原因是正、负电荷确实完全抵消了，这导致巨大的电效应的消失，只留下微小的相对论效应。

爱因斯坦的相对论使人们对磁性有了新的认识。磁场是一种相对论修正，当电荷相对于观察者移动时，他就可以观察到磁场。但是在本章中，我们只考虑了磁场，而没有考虑产生磁场的磁性材料。为什么磁石会自发具有磁性呢？要回答这个问题，我们必须再一次对20世纪的前几十年进行回顾，那时物理学领域的另一场革命正在发生，磁学将再次站上舞台的中心。

第六章

量子磁性

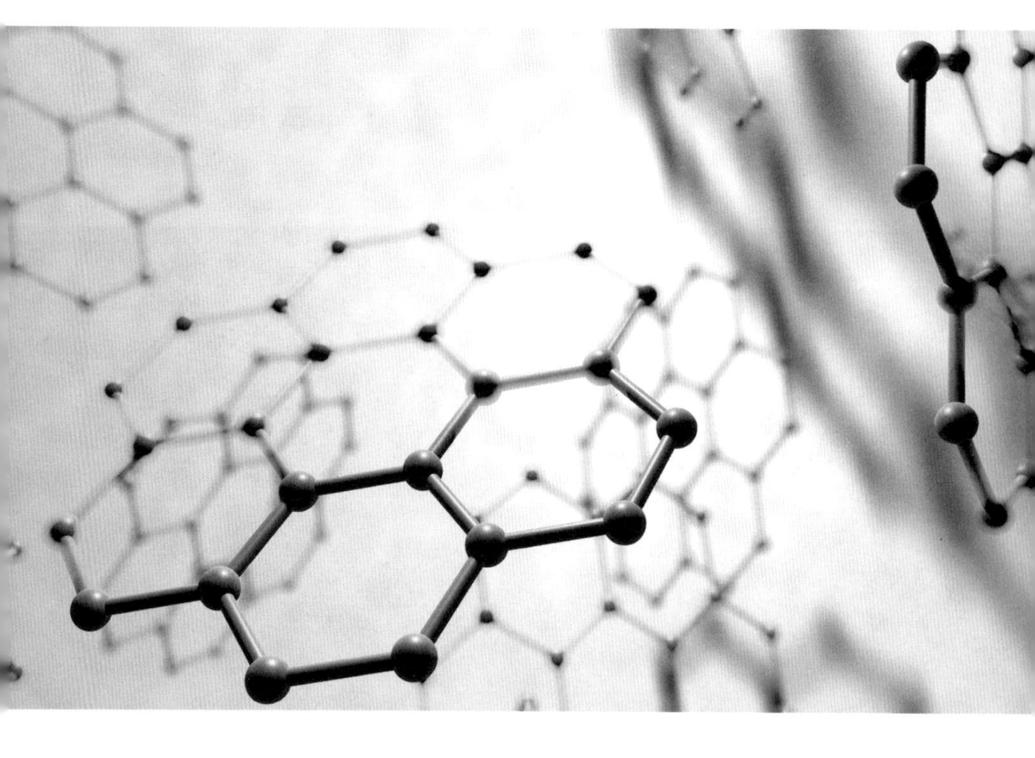

是什么维系着磁铁的工作呢？皮埃尔·居里（Pierre Curie，玛丽·居里的丈夫）在实验室里潜心研究，并试图解答这个问题。他测量了磁性物质在不同温度和不同磁场中的性质，他发现，对于许多看似非磁性的材料，施加磁场往往会使材料表现出磁性，但加热则会减弱其磁性。材料中的每个原子都表现得像一个小磁铁，居里推断磁场会使这些原子磁铁整齐排列，但加热则会使它们排列得更随机化。他还指出，当你冷却材料时，材料会变得更容易受到外加磁场的影响，因为随机排列的效应会更弱（这种效应就是后来所谓的居里定律）。

他还研究了一些化合物，这些化合物与磁石一样，即使不将它们置于磁场中，它们也会自发产生磁性，它们被统称为铁磁体。他的研究表明，在某个临界温度之上，铁磁体会失去磁性，这个临界温度现在被命名为居里温度。铁的居里温度为770 ℃，磁石（磁铁矿，化学式为Fe_3O_4）的居里温度为585 ℃。另一位法国物理学家皮埃尔·外斯

(Pierre Weiss)采用了居里提出的用于解释非铁磁材料性质的公式，并试图用它来理解铁磁体。他提出，铁磁体内部存在自己的内部磁场，这个磁场迫使原子磁体自发排列。外斯的想法很聪明，但也有缺陷。他假设的内部磁场大得离谱，比在任何一块铁附近观察到的磁场都要大1000多倍。只有当新的量子力学发展起来时，才能对磁性现象进行完整的解释。

让我们回想一下，从奥斯特的工作开始，很明显，你可以通过两种不同的方式制造磁场：使用磁性材料（如磁石）或使用沿电线流动的电流。但是，这两种方法之间存在差异。电流必须由电池驱动，由电池供电（电池不会永远持续供电），并且电线会变热（就像所有载流电线在不同程度上表现的那样，这种效果在电烤面包机中得到了很好的应用）。让人困惑的是：磁石没有外部电池为其供电（那么它是否有某种内部电源），并且它不会变热，这是否意味着它内部的电流与流过电线的电流有很大的差别？在19世纪，能量守恒定律开始被阐明，因此，像磁石一样的铁磁体中，这种持续存在的磁性变得更加引人关注。

磁石中的原子的确包含电流，因为电子会围绕原子核做轨道运动，并且这些原子电流相当特殊——它们更类似于超导线中的电流，而不是铜线中的电流。超导的导线线圈可以在没有电源且不散发热量的情况下承载循环电流，并产生强磁场（这种超导线圈被应用于核磁共振扫描仪，在许多医院都很常见）。围绕原子流动的电流也不会散发热量，因为它来自原子核周围电子的稳定轨道。这只能使用量子力学的反直觉的逻辑来进行合理解释，而这个逻辑主要是为每个电子分配了一个明确定义的能量状态。要真正解释磁性，我们必须进入量子世界。

量子力学

量子力学彻底改变了物理学，波和粒子之间的区别被摒弃了，对宇宙的基本描述变成了概率性的。人们意识到各种物理量，例如角动量，只能通过离散的量来改变。特定的一对物理量，例如粒子的位置和动量，不能同时确切地被测量到，一个量的测量精度增加，会导致另一个量的测量精度降低（这就是海森堡著名的不确定性原理）。20世纪20年代，量子力学的发展促使物理学家们用这种新方法解决所有未解决的物理问题，看看它们是否有效（它们大多有效）。但是，这种新思维方式的证据是什么呢？

当时最令人信服的证据是一些相当抽象的物理实验，这些实验涉及原子光谱的性质，或光与金属表面之间的相互作用。每个实验或者证据都有其重要的意义，但回想起来，应该发挥重要作用的其实是另一件非常简单的事情：观察磁铁是如何工作的。

关键的一步是由一位名叫亨德里卡·范·吕文（Hendreka

van Leeuwen）的非知名荷兰科学家做出的。她指出，如果你只使用经典物理学（即量子力学之前的物理学）来理解，那么磁铁是无法存在的。吕文在莱顿大学的博士工作是在楞次（Lenz）的指导下完成的①，该工作成果于1921年发表在《物理学与镭》杂志上。不幸的是，后来有人发现她的主要成果已经被量子力学之父尼尔斯·玻尔（Niels Bohr）预见到了，但由于它只出现在玻尔1911年的毕业论文中，并且是用丹麦语写成的，所以她不知道，这也并不奇怪。他们的贡献尽管是各自独立想出的，但现在被称为玻尔-范·吕文（Bohr-van Leeuwen）定理。该定理指出，如果只采用经典物理学理论，继续将材料建模为电荷系统，那么可以证明材料中没有净剩余的磁化强度，换句话说，它将不存在磁性。简而言之，在纯粹的经典物理学框架下没有磁石。

这本应该是一个革命性的、令人惊讶的结果，但是并没有让所有人大吃一惊，因为它来晚了20年，无法震撼所有人。到1921年，玻尔-范吕文定理的初始前提（经典物理学的正确性）被认为是错误的——因为物理世界是一个量子世界，所以采用经典物理学的计算得出错误的答案也就不足为奇了。但是你现在想一想，你就会发现玻尔-范吕文定理给出了经典物理学失败的一个不同寻常的证明。只需将磁铁贴在冰箱门上，就能证明宇宙不受经典物理学理论的支配。对量子理论的需求通常是通过描述物理实验室中有些深奥的实验来提出的，例如，光电效应、原子光谱的细节或电子在晶

---

① 译者注：经查文献，亨德里卡·范·吕文的实际导师为亨德里克·安东·洛伦兹（Hendrik Antoon Lorentz）。

体中的反弹。所有这些实验在历史上确实很重要，它们强调了经典物理学不能充分解释这个世界，但这些实验没有一个像儿戏那么简单。而意识到对量子理论具有同样需求，却可以通过玩磁铁来表现出来，这才是吸引人之处。

了解真实材料

20世纪二三十年代，物理学家接受了将新的量子力学应用于解释磁性的挑战，他们发现许多真实材料的磁性都可以用量子力学来解释。例如，众所周知，大多数真实物质都是弱抗磁性的，这意味着将这些物质放置在磁场中时，它们会在与磁场相反的方向上诱导出弱磁性。水就是这样的物质，因为动物体内大部分是水，所以同样的规律也适用于动物。安德烈·海姆[①]（Andre Geim）的悬浮青蛙实验就是基于此展开的：实验中，海姆将一只活青蛙放在强磁场中，由于青蛙具有抗磁性，在磁场作用下它被感应产生出与外磁场方向相反的弱磁性。在实验中，所加的不均匀磁场会在青蛙感应出的弱磁性的方向上产生一个力。然后，

① 译者注：他因对强磁场中悬浮青蛙所做的研究获得了2000年搞笑诺贝尔物理学奖，因对石墨烯所做的研究获得了2010年诺贝尔物理学奖。

嘿！突然，青蛙悬浮在半空中了！这个实验之所以选择了一只青蛙，是因为它足够小，可以放入磁铁中，但如果磁铁足够大，理论上也可以让猪飞起来！量子力学很好地解释了抗磁性及顺磁性的相关现象，具体来说，顺磁性就是材料在施加于它的磁场的相同方向上变得具有磁性。硫酸铜晶体（就是孩子们在学校经常培养的那种亮蓝色晶体）就是顺磁性的很好例子。

然而，真正令人兴奋的问题是铁磁性（即磁铁的磁性）的原理。这个问题影响更大，也更难以分析。解决方案来自对量子力学中一种非常奇怪的对称性的考虑。量子力学指出，一个量子物体的基本描述，例如一个电子或一组电子，是由一种称为波函数的特殊数学函数来控制的。波函数在空间中变化，并且在特定位置上该函数平方的大小给出了在那里找到量子目标的概率。

现在，取两个位于空间中不同位置的相同粒子，并交换它们。得到的结果和交换前一定一样，是不是？因为这两个粒子是完全一样的，所以交换前后情况一样。我们现在知道，对于宇宙中的某些粒子（称为玻色子）来说，这是完全正确的。然而，对于宇宙中的其他粒子（称为费米子）来说，情况却不是这样的，因为交换后描述这两个粒子的波函数的符号改变了。这看起来很奇怪，但实际上物理量的大小只取决于波函数平方的大小，因此，物理量的大小并不受这种符号变化的影响。但是符号的变化是客观存在的，而且也确实会产生一些后果。

电子是费米子，所以当你交换它们时，波函数的符号会发生变化。可以想象一块铁内部的两个铁原子，其中有两个电子，一个与特定的铁原子相关联，另一个与相邻的铁原子相关联。当我们考虑描述这两个电子的波函数时，我们知道，当交换这两个电子时，波函数必须改变符号。然而，波函数描述了两个电子的各种特性，例如它们在空间中的位置和它们的磁取向（被称为“自旋”的特性，将在下一章中进行更详细的介绍）。当你交换两个电子时，哪个量会改变符号？是与位置相关的量，还是与自旋相关的量？事实上，它要么是一个，要么是另一个（但它不能同时是两个。如果两个符号都变化，那么最后结果的符号并不会发生变化）。

事实证明，在像铁这样的材料中，当交换两个电子时，如果其与位置相关的量改变了符号，则可以节省大量能量。这是因为在这种构型中，两个电子非常有效地相互避开，从而最大限度地减少了静电排斥造成的能量损耗。在这种情况下，波函数的自旋量不会改变符号，满足这一点的构型是两个自旋平行排列，在铁磁体中保持自旋平行排列的机制见图 9(a)。这种机制涉及交换两个电子时发生的奇怪特性，所以导致自旋在铁磁体中平行排列，因此被称为交换相互作用。

交换相互作用的存在解释了一个很重要的事实：在像铁这样的材料中，磁性可以一致排列保持到非常高的温度，甚至达到居里温度，即 770 ℃，表明铁这样的材料中交换相互作用非常强，这种强的作用可以追溯到巨大的静电排斥能。

如果以上说的都是真的，那么为什么你见到的每一块铁都没有磁性呢？这个问题的答案是，每一块铁都是有磁性的，但磁性结构内部通常会分解成许多被称为磁畴的小区域。在每个磁畴中，每个原子的磁性都以相同的方式排列（下面我们再次将那些原子磁体称为自旋）。因此，在同一个磁畴中的自旋会平行排列并指向相同方向，但是在不同的磁畴中，自旋排列的方式是不同的。这意味着，从外部看这块铁似乎没有磁性，因为所有单个磁畴的影响都相互抵消了。

那么，磁体中为什么要分成很多小磁畴呢？这主要是为了尽量节省能量。如果一块铁中只有一个磁畴，那么它将在外部产生一个磁场，这个磁场充满了它周围的空间，但是这个磁场会消耗能量。因此，磁体内部会分裂成畴，以此消除外部产生的杂散场，从而节省能量。但是这样做也是有代价的，因为在磁畴和磁畴之间的区域中，必须产生所谓的畴壁［见图9(c)］。在畴壁中，自旋从一个磁畴的方向扭转到其相邻磁畴的方向，这种扭转也会消耗能量。因此，磁体中形成单畴还是多畴取决于能量耗散之间的微妙平衡。

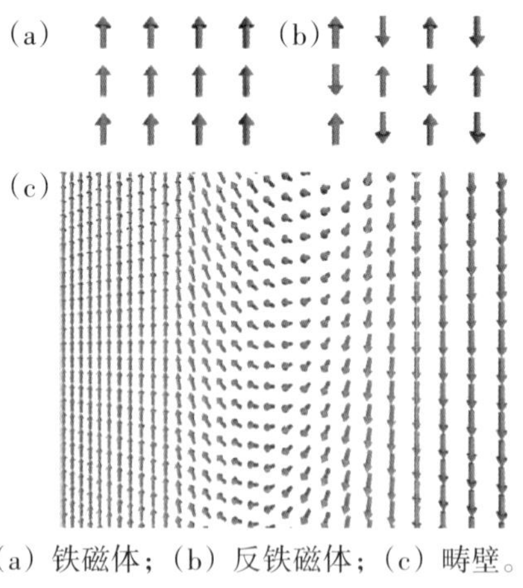

（a）铁磁体；（b）反铁磁体；（c）畴壁。

图9　铁磁体、反铁磁体和畴壁

永磁体中，如一块磁石，电机、发电机内部，扬声器背面的磁体，很容易处于单畴状态。在这种磁体中，形成畴壁的能量相当高，因此，它们不容易形成畴壁。如果单畴确实形成了，那么通常磁畴会被卡在一个地方，并且非常难以移动。这种磁体能保持它们的磁性（除非它们被加热到高于居里温度），并且磁性很稳定，不容易受干扰，它们被称为硬磁体。

但是，一块纯铁是软磁体，其内部形成畴壁的代价则非常小，因此，这种磁体很容易分解成多畴结构。它们可以很容易地被磁化，也可以很容易地退磁，这使得它们可以很好地被应用于需要反复磁化的结构中。例如，变压器的铁芯每秒被反复磁化50或60次（取决于电流频率是50 Hz还是60 Hz），而人们希望这个反复磁化的过程能尽可能地更容易，这样它们在这种情况下才能产生较少的热量。软磁体非常适合应用于其中，因为畴壁可以很容易地在磁体中移动。

反铁磁性

我们已经知道，在某些材料（铁磁体）中，交换相互作用迫使相邻的自旋平行。但是在某些情况下，交换相互作用有利于反平行排列，在这种情况下，材料就是反铁磁体，其中相邻的自旋彼此反平行排列，如图9(b)所示。这个想法最早由法国物理学家路易斯·奈尔（Louis Néel）在20世纪30年代提出，因此，这种自旋构型通常被称为奈尔态。

量子力学对反铁磁体有一个特别的处理方式。设想一下有两个相邻的自旋，如果它们之间的相互作用是反铁磁性的，那么一种可能的构型是“上下”（即第一个自旋向上，第二个自旋向下），另一种可能的构型是“下上”（即第一个自旋向下，第二个自旋向上）。量子力学具有奇特的特性，它允许现实由非现实的可能性组合而成，例如，薛定谔著名的且不幸的（或者说想象中的）猫，它同时处于完全活着和完全死亡的状态。因此，对于两个自旋而言，“上下”和“下上”都是一起实现的，基态实际上应该写成：

$$波函数 = 上下 - 下上$$

这被称为单重态（因为只有一种方式），并且是上面设想的两种构型的特定组合（最终需要写成两种构型的差，而不是它们的和）。这意味着我们不可能知道任何一个自旋的状态，只能知道无论第一个自旋是什么状态，它都与第二个自旋反平行。

本章中，我们一直使用“自旋”这个词来作为单个原子或粒子磁性的简写，在下一章中，我们将进一步介绍什么是自旋，以及它是如何被发现的。

第七章

自旋

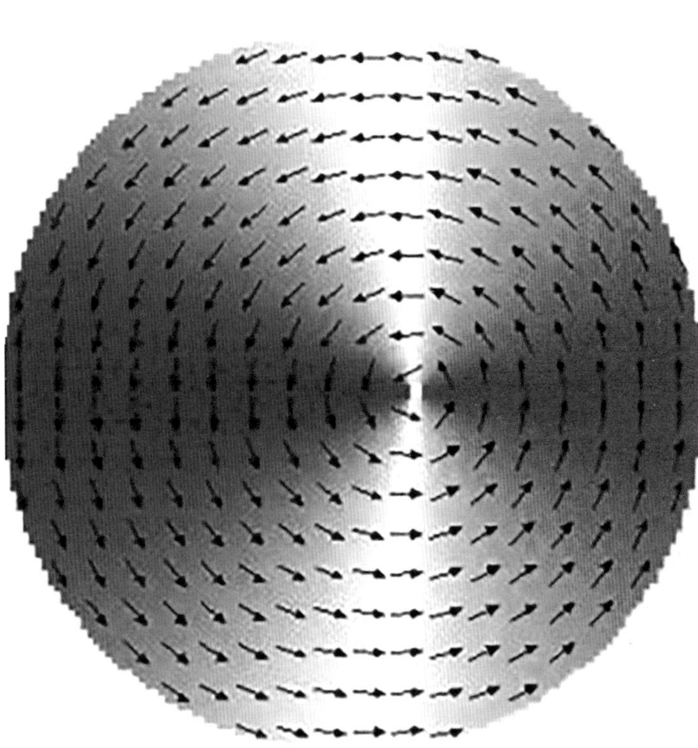

回到20世纪20年代，也就是量子力学发展的初期，“自旋”这个词就开始被用来描述与固有磁性有关的一种电子的新奇特性。人们最初认为，电子之所以有磁特性，是因为它绕着自己的轴旋转，就像篮球在哈林篮球队球员手指上旋转一样，因此，“自旋”这个名字似乎是完全合适的。然而，由于电子也被认为是一个点粒子，这个概念就变得没有任何意义了——一个小得不能再小的点怎么能旋转呢？

在思考电子自旋到底是什么之前，我们不妨先回顾一下证明电子自旋的实验证据。实验的探索，始于人们去尝试理解原子蒸汽在加热或放电时是如何发光的。这种蒸汽发出的光与每个原子周围的电子以及电子围绕原子核运动的轨道有关。量子理论表明，这些轨道不是随机的，而电子固定存在于少数几个允许其存在的轨道中，每一个轨道都与一个固定的能量值有关，当一个电子从一个轨道转移到另一个轨道时，就会发出光，发射光的能量弥补了两个轨道之间的能量差。

物理学家通常选择忽略轨道的细节，只考虑原子中占据特定能级的电子，尽管这些能级都与特定轨道有关。钠路灯会发出一种人们熟悉的橙色光，这种光来自钠原子中特定的跃迁：一个电子从一个特定的能级移动到另一个能级时，发射出一个光子，光子的能量等于两个能级之间的能量差。在钠的光谱中，这种具有明确频率的发射光显示为一条单线，因此被称为发射线。然而，仔细观察这条发射线就会发现它被分成了两条。这似乎表明，一个能级实际上也被分成了两个非常接近的能级。这是钠电子存在双值性的第一条线索，物理学家沃尔夫冈·泡利（Wolfgang Pauli）称之为双值量子自由度。

可以利用钠的发光现象做进一步的实验——对钠蒸气施加磁场，观察发射线的情况。研究发现，不同的能级在磁场中发生不同程度的偏移，因此，磁场会引起发射线频率的变化。这种效应是由磁场与原子周围电子轨道的相互作用引发的，为了纪念首次做这个实验的荷兰物理学家彼得·塞曼（Pieter Zeeman），该效应被称为塞曼效应。量子力学迫使电子在原子周围的轨道上以特定的轨迹和特定的旋转速度运动，用这样的方式计算出的电子的角动量将是整数（测量时以约化普朗克常数 $\hbar$ 为单位）。这些角动量态具有相同的能量，所以在没有磁场的情况下，它们都隐藏在同一条发射线内。然而，磁场导致这些不同的角动量态在能量上产生分离，进而导致发射线分裂成一系列紧密相邻的新发射线。这些原子的角动量态已经众所周知，但在一些原子中发现了额外的跃迁，并且无法用电子围绕原子核的轨道运动来解释（这被称为反常塞曼效应，因为观察结果与当时的物理图像不符）。同样，这些额外的跃迁指向了一些额外的自由度。

原子光谱中的这些效应似乎相当晦涩难懂，并且具有严谨的技术性，在20世纪20年代早期，人们还没有完全理解一些事物。在大家普遍使用的理论中，电子能级用三个量子数标记（称为主量子数、方位角量子数和磁性量子数，符号分别为n、l和m_l），这些都是整数值，并遵循一定的规则。这些量子数可以使用薛定谔方程推导出来，其与原子周围电子的轨道的性质有关（指的是能量和角动量），这虽然解释了原子光谱的大部分特征，但不是全部。泡利推测，需要用另一个量子数来描述电子的“奇怪的双值性”，而这个性质用经典理论是无法解释的。但是，他没有对这个其他的量子数可能是什么做出任何解释。

1925年，21岁的物理学家拉尔夫·克罗尼格（Ralph Kronig）提出，原子中可能存在一个尚未被发现的其他角动量源。的确，电子绕着原子核旋转，但电子本身的自转呢？它会不会是原子光谱中奇怪效应的起源？泡利非常反对这个观点。人们已经知道电子非常微小，甚至可能就是一个点，如果它绕自己的轴旋转，那它表面的速度将远远超过光速，这就违反了相对论。当克罗尼格见到泡利并与他讨论自己的想法时，泡利表现得非常冷淡。最终，克罗尼格决定不发表与这个想法有关的论文。

同年9月，两位物理学家乔治·乌伦贝克（George Uhlenbeck）和塞缪尔·古德斯密特（Samuel Goudsmit）提出了与克罗尼格基本相同的想法。古德斯密特对原子光谱有很深的了解，他给乌伦贝克讲了最新的研究进展。乌伦贝克对这门学科可谓一窍不通，所以他问了古德斯密特很多听起来很天真但却很相关的问题。当听说传统的整数量子数方案（n、l和m_l）不能解释原子光谱时，他建议他们尝试半整数量子数（结果发现，如果你给一个电子的自旋量子数赋值为1/2，那么它自然会返回给你两个值，因为测量电子的内在角动量时可能得到的值就是±1/2）。乌伦贝克后来回忆道："当时，我突然想到，因为（就我已经学到的来说）每个量子数对应电子的一个自由度，所以第四个量子数必须意味着电子有一个额外的自由度，换句话来说——电子必须是旋转的！"最终，他们很快在《自然》（*Nature*）杂志上发表了一篇题为《自旋电子和光谱结构》（*Spinning Electrons and the Structure of Spectra*）的论文。

一个系数2的问题

然而，乌伦贝克和古德斯密特的理论方法有一个比较尴尬的问题是，虽然它可以用来精确预测由电子和原子核之间的相互作用导致的氢能级分裂的能量，但他们的预测结果却少了一个系数2。现在，物理专业的学生经常会因为代数运算中的粗心而丢掉系数2或负号，这迫使他们花费相当大的精力来检查他们的错误。这种情况也会发生在物理学家身上，有时一个简单的错误（比如把英寸和毫米混淆了）就足以导致一艘宇宙飞船不是优雅地降落在火星表面，而是撞向火星。

对于古德斯密特和乌伦贝克来说，缺失系数2并不是因为演算失误。事实上，他们一开始完全没有意识到他们得出的答案是错误的。论文发表后不久，他们就收到了一封来自维尔纳·海森堡（Werner Heisenberg）的信，信中祝贺他们产生了这个“大胆的想法”，并询问他们是如何除去这个系数2的。他们立即重新进行了计算，并惊恐地发现海森堡是对的。事实上，克罗尼格早前针对他的模型也做过同样的计算，并且发现算出来的结果差了2倍，这也是他当时没有发表文章的另一个原因。古德斯密特和乌伦贝克试图撤回他们的论文，但是为时已晚，《自旋电子和光谱结构》已经在1926年2月被发表了。克罗尼格可能因为自己也有过同样的想法却没能发表论文而感到恼火，于是给《自然》杂志写了一封批评信，几个月后这封信也被发表了。信中，他对古德斯密特和乌伦贝克的结果进行了猛烈抨击，指出他们做出的关于电子自旋的假设产生的问题比解决的问题还多，并略带酸味地总结道：

> 这个新的假设似乎更倾向于将屋子里的鬼从这层地下室转移到下层地下室，而不是将其完全驱逐出屋子。

1926年4月，卢埃林·托马斯（Llewellyn Thomas）发表了一篇文章（同样发表在《自然》杂志上），这篇文章解决了这个神秘的系数2的问题。托马斯做了一个相当巧妙而复杂的计算，计算中涉及爱因斯坦的相对论，其中考虑了旋转电子在参考系中的变换，令人满意的是，它准确地解释了系数2缺失的原因。托马斯得出的结论是："乌伦贝克和古德斯密特提出的对氢谱线精细结构的解释现在不存在任何疑义。"乌伦贝克和古德斯密特终于可以松一口气了。

奥托·斯特恩（Otto Stern）和沃尔特·格拉赫（Walter Gerlach）

1922年，奥托·斯特恩和沃尔特·格拉赫在法兰克福市进行的一项实验展示了电子自旋的某些特性。斯特恩是伟大的量子力学奠基人之一马克思·玻恩（Max Born）的助手。有一天，斯特恩躺在床上的时候萌发了做这个实验的想法。他思考到：电子绕着原子旋转就形成了一种环形电流，因此，原子可以表现得像一块小磁铁。如果将电子置于梯度磁场（磁场随着位置的变化而变化）中，那么电子就会受到一种力。斯特恩与玻恩讨论了他的想法，玻恩对此相当怀疑，但斯特恩决定无论如何都要试一试，并邀请了在附近研究所工作的格拉赫来帮忙。

他们决定使用银原子来做这个实验。实验中，他们将银在烤箱中加热到了很高的温度，使其变成蒸汽，然后热蒸汽通过几个细缝从烤箱进入到真空区，从而产生了一束准直的银原子束。随后，银原子束穿过一个梯度磁场（只需构造一个北极形状与南极形状完全不同的磁铁），落到了玻璃载玻片上。实验进行了一段时间后，他们取下载玻片查看银原子落在了哪里，从而推断磁场梯度是如何影响银原子束的。

这个实验很困难，而且有点不稳定，因为他们无法让银原子束长时间运行。因此，载玻片上只沉积了相当少量的银，他们失望地发现，载玻片上似乎没有银的痕迹。然而，当斯特恩不小心把他的廉价雪茄（他特别喜欢廉价雪茄）的烟雾喷到载玻片上之后，图案突然神奇地出现了。看来，这种廉价雪茄的烟雾中一定含有大量的硫，并把沉积在玻璃载玻片上的一层非常薄的银变成了乌黑的硫化银，这样就更容易被看到了。现在，人们穿着特殊的衣服，戴着防护头罩，在无尘的空调超净室里进行灵敏的原子束实验，但在20世纪20年代，实验者穿着粗花呢夹克，穿梭在被巨大烟雾包围的脏乱实验室中才是司空见惯的。但在这个实验中，这些条件反而恰好很有帮助。

当时的实验条件其实是非常艰苦的，而且当时德国正处于战后困难的财政环境下，实验室的资金正在逐步耗尽。幸运的是，玻恩给纽约的亨利·戈德曼（Henry Goldman）写了一封求援信，然后就得到了帮助。戈德曼是投资公司高盛（Goldman Sachs）的创始人之一，其祖籍在法兰克福市，他的慷慨解囊为斯特恩和格拉赫的实验提供了资金。

如果经典物理学理论是正确的，那么气体中的银原子应该是随机排列的，而梯度磁场的作用会使载玻片上银原子的图案变得模糊。有些原子向上偏转，有些向下偏转，有些则完全不偏转，介于两者之间。但是斯特恩和格拉赫的实验结果着实令人震惊——银原子光束一分为二，一半的原子向上偏转，一半向下偏转。

当时，斯特恩和格拉赫并没有意识到银原子本身没有什么特别之处，是银的最外层电子导致了这种效应产生。事实上，在五年后，这个实验在氢原子上重复了一次，结果证明银原子本身确实不是最重要的。其实，如果用一束简单的电子进行实验，原则上效果是一样的（尽管实验会更复杂，因为电子是带电荷的；这个实验中银原子和氢原子的特别之处在于它们是电中性的）。为了简化描述，我们直接讨论斯特恩和格拉赫的结果，就像我们正在研究电子束的影响一样。

斯特恩和格拉赫并没有将他们的实验结果解释为是电子自旋的结果，他们直到五年之后才找到了这一关联（后续有了古德斯密特和乌伦贝克的发现）。我们现在知道，银原子束分裂成两束，表明电子的自旋只能取两种可能的值。电子要么以这样的方式自旋，要么以那样的方式自旋，不存在其他的可能性。这两种可能性通常被称为自旋向上和自旋向下，因为电子的角动量要么是向上的，要么是向下的；要么与磁场梯度平行，要么反平行。在某种意义上，斯特恩-格拉赫装置就像是在问电子一个问题：这个方向上的角动量是多少？答案似乎是一半的电子向上，另一半的电子向下。磁场梯度的方向没有什么特别的。你可以用其他的方法来确定斯特恩-格拉赫实验的方向，但是你总是能从一半的电子中得到“向上”的答案，从另一半的电子中得到“向下”的答案。此外，似乎没有办法能够预测任何单个电子在通过仪器时会走哪条路。总的来说，它们一半往这边走，一半往那边走，但对于任何一个特定的电子来说，它的运动方向并不可预测。爱因斯坦有句名言，他认为量子力学“并不能真正让我们更接近上帝的秘密。无论如何，我不相信上帝会掷骰子”。斯特恩和格拉赫对此可能持有不同意见，他们的实验结果似乎给出了一个你可以看到的掷骰子的例子。

20世纪30年代发生在德国的事件，对斯特恩和格拉赫产生了影响（让人不禁联想到了他们的实验）：他们走上了两条截然不同的道路。斯特恩移民到了美国，在1939年成了美国公民，并在第二次世界大战期间担任陆军顾问。格拉赫抵制住了对犹太科学家的攻击，他仍然留在了德国，并在1944年成为德国核研究项目的负责人，后来成为被盟军扣留在英国乡间别墅的科学家之一。

旋转的自旋

数学物理学的最佳目标是跟随实验发现的脚步，给实证发现的骨架填充理论的血肉。自旋的数学理论在20世纪20年代开始发展，很快出现了一些奇怪的特征。我们一直认为自旋是粒子的自旋，就像电子一样，很像一个旋转的板球，但我们注意到了一个奇怪的特性，即点粒子不能真正旋转。结果表明，虽然自旋是角动量的一种，但它代表了量子力学中波函数的一个更为基本的性质。最早理解这一点的人之一是泡利，他在1927年发展了自旋理论。泡利提出了一种描述电子自旋的数学方法，这也带来了一些有趣的结果。

例如，先观察一个电子自旋，然后转动你的头再观察一遍。从新的角度来看，电子自旋看起来被旋转了。那又怎样？好吧，如果你绕了360°观察它（也就是说，作为观察者，你必须完整转一圈），那么它看起来就与你开始观察它时的方向相反。这太疯狂了！如果你把某物颠倒过来，它确实就会倒过来，但是如果你再把它颠倒回去，它肯定就会恢复到原来的状态，不是吗？电子自旋就不是这样了，你必须把它旋转720°才能做到这一点，需要两次完整的旋转才能让它恢复到原始状态。

这个想法听起来很奇异，但其实已经在实验中得到了验证。事实上，你可以通过玩一个有趣的室内游戏来演示经典物理学中的这种效应。保罗·狄拉克（Paul Dirac）发明了这个游戏，这个游戏通常被称为狄拉克的剪刀戏法（他通过在一把剪刀的洞和附近椅子上的洞之间穿线完成他的剪刀戏法）。但事实上，使用围巾或皮带可以更容易地展示这种效果，将围巾或皮带的一端保持固定，可压在一本书下，如图10（a）所示，将自由端沿相同方向旋转两整圈（即720°），此时皮带看起来非常扭曲，如图10（b）所示。之后，只需将自由端绕过皮带中间并拉紧，即可在不沿相反方向旋转自由端的情况下解开皮带，见图10（c）－（f）。试试看吧！

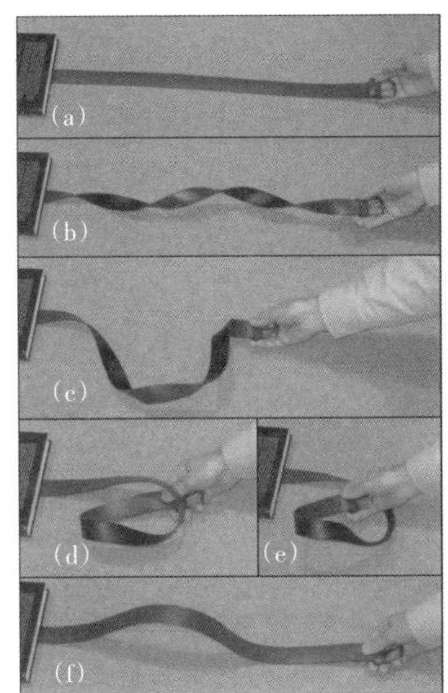

狄拉克的剪刀戏法更容易用一根一端固定的皮带来演示，例如，可以把这一端压在一本书下面。

图10　狄拉克的剪刀戏法

狄拉克方程

泡利的自旋理论没有包括狭义相对论，所以这个理论的物理图像并不完整。1928年，狄拉克想出了一种绝妙的方法，并利用狭义相对论和量子力学写出了一个描述电子的方程。狄拉克在布里斯托尔长大，他的母亲是英国人，父亲是瑞士人。他的父亲坚持在餐桌上只能说法语，这一规定让狄拉克对说话有些反感。在布里斯托尔获得工程学和数学学位后，狄拉克前往剑桥攻读博士学位。1926年，他所写的博士论文名就只有简简单单的几个字——《量子力学》。在发现了我们现在所说的“狄拉克方程”和做出了其他贡献之后，狄拉克与薛定谔共同获得了1933年的诺贝尔奖，该奖表彰他发现了关于原子理论的新的且富有成效的形式。1937年，狄拉克与物理学家尤金·维格纳（Eugene Wigner）在普林斯顿进行了一次休假访问之后，他与维格纳的妹妹玛格丽特结婚了。他对外通常把妻子简单地称为“维格纳的妹妹”，因为在他以物理学为主的世界观中，这种描述代表着她的地位。狄拉克对数学有很高的评价，他在1930年出版的教科书的前言中写道，数学是“特别适合处理任何抽象概念的工具，数学在物理学这个领域中的力量是无限的”。后来他评论说，在科学界，科学家们试图以一种人人都能理解的方式，告诉人们一些以前没有人知道的事情；但在诗歌中，则恰恰相反。对狄拉克来说，清晰是最基本的，美也是最基本的，因为“一个美的等式比让它们符合实验结果更重要”。如果理论与通过实验得到的结果不匹配，那么可以通过进一步的实验来纠正，或者通过整理一些没有被考虑到的次要特性来解决，这些特性将在后续的理论发展中得到解决；但对狄拉克来说，丑陋的理论永远都不可能是正确的。

狄拉克花了很多时间试图找到能写出他的新方程的正确方法。玻尔曾在1927年问狄拉克他在研究什么，狄拉克回答说：“我试图得到一个关于电子的相对论理论。”玻尔告诉他，这个问题已经被另一位物理学家奥斯卡·克莱因（Oskar Klein）解决了。狄拉克知道这项工作，也知道它的缺陷。他的方法与之完全不同，“我的大部分工作都是在摆弄方程式，看看它们能给出什么结果。”这种摆弄引出了一个新的方程，这个方程完美得令人震惊，它表明自旋就是根据狄拉克方程得出的自然结果。通过这个方程，狄拉克毫不费力地得出了托马斯费尽心思才得出的正确的系数2，并解释了电子在磁场中的行为（还有另一个讨厌的因子，称为g因子，它正好在狄拉克方程中也是正确的）。

狄拉克在1928年发表的论文开篇就说：“在应用于点电荷类型电子的原子结构问题时，新量子力学得出的结果与实验不符。”他解释了泡利和C.G.达尔文（进化论名人查尔斯·达尔文的孙子）是如何将古德斯密特和乌伦贝克的自旋思想硬塞进量子力学中的。然而，他补充说："问题仍然是，为什么大自然会选择这种特定的电子模型，而不是点电荷模型？"他得意地宣称："对于一个满足相对论和广义变换理论要求的点电荷（电子）来说，最简单的哈密顿量不需要做进一步假设就能解释所有的双重性现象。"这是沉默寡言的狄拉克所能做到的最令人眼花缭乱的科学玩耍，但他所做的工作却让其他物理学家赞不绝口。量子电动力学的先驱之一、诺贝尔奖获得者朝永振一郎（Sin-itiro Tomonaga）针对狄拉克方程这样评价道："我们人类被狄拉克的惊人想法所震撼。"

通过融合相对论和量子力学这两个20世纪早期物理学革命的伟大产物，狄拉克建立了一个描述自旋起源的方程。自旋是电子磁性的基本元素，随着20世纪的过去，磁学已悄然开始自己的革命。这一次的巨变不是在理论物理学领域，而是在消费电子领域，它将给我们存储信息的方式带来非同寻常的变革。

第八章

磁的“图书馆”

现代社会是以海量信息的存储和检索为基础的。要了解我们所面临的挑战，就需要考虑以下内容：据估计，美国国会图书馆所有书籍中包含的文本大约可以存储 10 TB（1 TB 为 10^{12} 字节或一百万兆字节）。如果你能打出地球上已经存活过的大约1000亿人一生中所说的所有单词，那么该文本的存储需求将是几艾字节（1 EB 为 10^{18} 字节或一万亿兆字节）。在这种情况下，考虑到人类目前每年会积累数几十艾字节的信息，稍加思考，就不难明白问题出在哪里了。尽管原始文本可以非常有效地存储（例如，本书中的文本需要的存储空间在1 MB以下），但图片、音频，尤其是视频对存储空间的需求要大得多。例如，一部 DVD 里的电影需要几千兆字节（1 GB 为 10^9 字节）的存储空间，比存储本书的文本所需要的存储空间大几千倍。目前，有数以百万计的数码相机在流通使用，更不用说记录视频片段的手机的广泛应用，人类的现代数据消费对存储技术的巨大需求远远超过了前几个世纪的图书馆对存储技术的需求。

计算机最开始为大众所使用时，其信息存储器的体积庞大、运行速度缓慢、价格昂贵，而且容量很小。现在的信息存储器结构紧凑、价格低廉，而且容量巨大。现在，一个人可以拥有许多CD和DVD，并能将其中的数据及任何下载的内容都存储在他们电脑的硬盘上，这个硬盘的容量相当于美国国会图书馆存储所有书籍文本所需的容量。这简直就是一场数据革命，而它的到来正是因为磁性。

从声音开始

早在硬盘被用于存储数字1和0之前，磁性就已经在新兴技术中被用于记录和传输音频信号了。1898年，奥利弗·洛奇（Oliver Lodge）设计了第一个动圈式扬声器，但他从未亲自制作过。直到20世纪20年代初，美国的切斯特·赖斯（Chester Rice）和爱德华·凯洛格（Edward Kellogg）才真正实现了这一想法。他们使用电磁铁制造了磁场，然后在硬纸板圆锥体的底部缠绕了一圈电线，并将硬纸板圆锥体安装在一个非磁性的金属框架中。当在线圈上施加音频信号时，磁场中的电流会对硬纸板圆锥体产生一个力，然后硬纸板圆锥体就会振动，发出声音的就是这个振动的硬纸板圆锥体。在现代设计中，圆锥体底部的电磁铁已被永磁体取代，而发展出的更强大、更轻的磁铁使扬声器和耳机变得不再那么笨重。

早期的麦克风也使用了类似的原理，只是恰好相反，即声波先引起线圈的振动，线圈在磁场中的振动再感应出电压。然而，现在大多数麦克风使用的是其他非磁性技术。磁路仍然是录音设备的核心，如电吉他的拾音器。电吉他的拾音器最早是在20世纪30年代被发明的，它由一块永磁体及上面缠绕着的多圈细电线组成。邻近吉他弦的振动会在线圈中感应出电压，并产生交流信号，然后可以反馈到放大器。然而，线圈也容易因充当天线而接收到不必要的杂散干扰信号。20世纪50年代，有人设计出了一种减少干扰的方法，即使用设计好的双线圈拾音器，它有两个缠绕方向相反的线圈，还有两个极性相反的磁铁。由于线圈的缠绕方向和磁铁的极性都相反，所以琴弦振动时在两个线圈中都会感应出相同方向的电流。而干扰信号却被消除了，因为叠加的干扰信号只取决于缠绕的方向，而不取决于磁铁的极性。这种设计不仅消除了来自当地电台的干扰信号，还消除了电源中变压器发出的“嗡嗡”声，因此，该器件得名“双线圈拾音器”。

记录

麦克风和吉他拾音器可以将振动转换成电信号，但要进行录音，就必须找到一种存储信息的方法。实现这一目标的关键点来自这样一个事实：一个小磁铁可以被磁化到不同的方向，而磁体中存储的磁化方向可以记录其具体的磁化方式。这个想法最早是由美国工程师奥伯林·史密斯（Oberlin Smith）提出来的，他曾拜访过爱迪生，并看过他的留声机。1878年，他提出了一种磁记录方法，即将一根丝线缠绕在鼓上，线上要粘上很多小铁屑。然后，线可以穿过连接着麦克风的电磁铁铁芯，从而根据麦克风接收到的声波模式被磁化。紧接着，线继续缠绕在第二个鼓上。然后，第二个鼓上的线重新缠绕在第一个鼓上。在播放模式下，线会穿过一个线圈，线中的磁信号经过线圈时会在其中诱导出电压。因此，磁存储的信息可以被播放出来。这项发明一直未实现，直到1888年，史密斯才在美国的杂志《电气世界》（*Electrical World*）上发表了他的想法。1899年，丹麦工程师瓦尔德马尔·波尔森（Valdemar Poulsen）制造了一台磁线记录仪，将其命名为“电话录音机”，并于1900年在巴黎世界博览会上进行了展示。在那里，他录下了奥地利皇帝弗朗茨·约瑟夫（Franz Josef）的声音，制作出了现存最古老的磁性音频录音机。为了使磁记录成为一项具有竞争力的技术，信号（包括记录和播放）需要被放大，因此，直到真空管出现，该技术才有了进一步的发展。

真空管由密封在被抽光空气的玻璃管内的各种电极组成。通过热离子的发射过程，电子从加热的电极（阴极）被发射到真空中。电子被吸引到带正电的电极（阳极）上，所以电流就会流动。阳极没有加热，所以电流不能向反方向流动。伦敦的弗莱明在1904年制造出了这样的真空管，他制造出的二极真空管是世界上第一个真空管整流器。当伊利诺斯州的李·德·福里斯特（Lee de Forest）添加了第三个栅极，制造出他所谓的三极真空管之后，该项技术才真正得以发展，这个真空管后来被称为三极管。在第三个栅极上施加一个小电压就可以用来控制从阴极到阳极的电流，这使得三极管成为一个非常好的信号放大器。当放大技术成为可能时，磁记录技术才真正得以发展。

现在人们已经设计出了多种磁记录系统，但在20世纪20年代有一项重要的突破几乎是偶然发生的。当时某些高端香烟用金箔条装饰，为了更便宜，德累斯顿的弗里茨·普弗勒（Fritz Pfleumer）发明了一种能在纸上涂覆一层更便宜金色青铜层的技术。他意识到这种卷烟纸制造技术可以用于制作一种涂有可磁化材料（如小的铁颗粒）的纸磁带，这样就可以用来代替前面讲的录音用的磁线。基于此方法制作的录音机运转良好，虽然纸带很容易撕破，但编辑这种磁带却是轻而易举的事——你可以逐字地剪切和粘贴，与处理电影胶片的方法完全相同。到了20世纪30年代中期，德国化学公司巴斯夫（BASF）找到了一种用醋酸纤维素代替纸张的方法，为了提高性能，该公司用磁铁矿Fe_3O_4代替了铁颗粒（磁石再次出现了）。

在整个20世纪末，随着Fe_2O_3（氧化铁，通常以“铁”的名称出售）、CrO_2（二氧化铬，通常以“铬”的名称出售）涂层及聚酯或PVC胶带的发展，磁记录得到了进一步的发展。盘式磁带录音机在20世纪50年代和60年代广泛销售，当时使用的是1/4英寸[①]磁带。在20世纪70年代，这些磁带被卡式磁带取代，最流行的格式是0.15英寸宽的磁带。随着家用录像机的出现，流行的VHS格式开始使用一种更宽的半英寸磁带。直到今天，磁带仍然用于高密度的数据记录[②]。

最初的录音是使用模拟技术进行的，这意味着音频信号的声音越大，编码的磁化程度就越高。现在，大多数音频数据和所有的计算机文件都是用1和0（信息比特）的二进制数字记录的，而这是由戈特弗里德·莱布尼茨（Gottfried Leibniz）在18世纪初制定的（尽管这个观念几个世纪前就在印度、中国和非洲的一些国家得到了不同程度的发展）。在数字磁记录中，磁带上的一个小颗粒通过向一个方向磁化来编码0，通过向反方向磁化来编码1。

---

① 译者注：1英寸＝2.54厘米。

② 译者注：目前磁带主要用于企业存储，家庭使用已经越来越少了。

另一个存储磁信息的设备是磁盘[①]。通过磁盘旋转，读/写头可以被引导到磁盘的适当区域，通过这种方式就可以存储和检索信息。虽然软盘现在已经过时了，但它在计算机之间传输少量数据方面非常有用。第一张软盘出现在1971年，它的直径为8英寸，存储容量近80 KB。20世纪80年代末出现的标准高密度3.5英寸的软盘存储容量可达1.44 MB。现在，它们的作用在很大程度上已被U盘和CD取而代之，这两者使用的都不是磁性技术。然而，磁性技术仍然被用于硬盘中做更高记录密度的存储。

硬盘

20世纪下半叶，一些物理学家着迷于制备非常薄的磁性材料层，想努力将厚度减少到单个原子层，以获得完美样品。制备薄层的磁性材料有一个重要的科学目的，即当系统维度减少时，观察磁性表现有何变化。如果磁性是相邻原子之间的交换相互作用产生的，那么当你减少最邻近原子的数量时会发生什么呢？一旦开始研究这个问题，就

---

① 译者注：有些存储磁盘用的盘片是软的，被称为软盘，现在已经不再广泛使用；有些存储磁盘用的盘片是硬的，被称为硬盘，现在仍在广泛使用。

有可能构建磁性层和非磁性层的三明治结构，并且可以研究各种不同的结构。

20世纪80年代末，在由铁磁层和非磁性层交替组成的三明治结构中，科学家们发现了一种新效应。在测量这种结构的电阻时，科学家们发现两层铁磁层的磁矩平行时的电阻要比反平行时的电阻低得多。通过选择合适的中间层厚度，可以使两个铁磁层更倾向于反平行排列。然后，施加磁场可以让它们平行排列。磁场引起的电阻变化称为磁电阻，其变化非常大，因此被命名为巨磁电阻。这个效应是由法国奥赛（Orsay）的阿尔伯特·费尔（Albert Fert）团队和德国于利希（Jülich）的彼得·格林贝格尔（Peter Grünberg）团队各自独立发现的。通过IBM（国际商业机器公司）的商业化应用，他们制造出了一种可以在所有硬盘驱动器中找到的非常灵敏的磁性读头。鉴于他们对巨磁电阻效应做出的贡献，费尔和格林贝格尔获得了2007年诺贝尔物理学奖。

巨磁电阻是如何工作的呢？我们知道，电子存在两种不同的自旋态，因此，宏观电流包含了两种自旋的电子。当电子穿过铁磁体时，它们或多或少会被散射，散射程度取决于它们的自旋是否与铁磁体中的磁化方向一致。当电子的自旋方向与铁磁体中的磁化方向相反时，散射会更大。这意味着平行的电子（我们称它们为自旋向上）可以更容易地穿过低电阻的路径。对于自旋向下的电子来说，它们则更像是在糖浆中跋涉。如果两个铁磁层平行排列，如图11（a）所示，那么自旋向上的电子将相对不受阻碍地通过，而自旋向下的电子将很难通过。另一方面，如果两个铁磁层是反平行排列的，如图11（b）所示，那么两种类型的电子都将在两个铁磁层的某一个层中经历一些散射。在第一种情况下（铁磁层平行排列），自旋向上的电子有一个有效的短路，因此，在这种情况下总电阻较低。这就是巨磁电阻的起源。

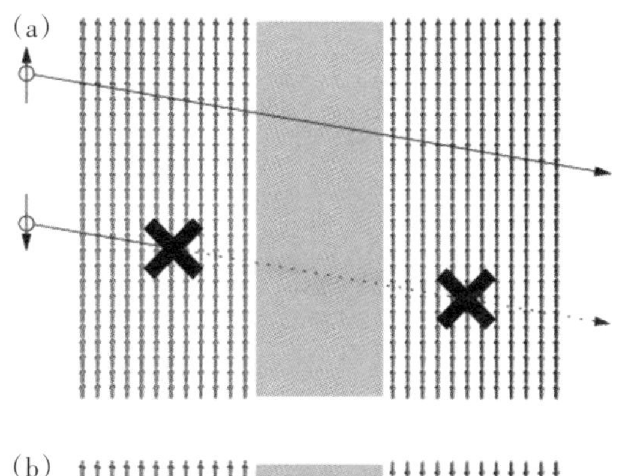

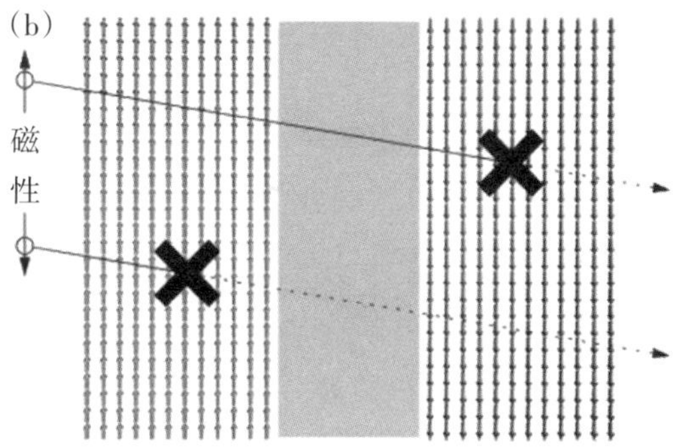

两个铁磁层中的磁性是（a）平行和（b）反平行时，将获得不同的电阻。在（a）的情况下，向上的自旋电子会使器件短路。

图11　三明治结构中的巨磁电阻效应

这一原理促进了自旋阀的发展，自旋阀为三明治结构，可用作灵敏的磁场探测器。在这种装置中，将铁磁层与反铁磁层相邻放置，铁磁层中的自旋就能保持在一个固定的方向上，从而成为固定层。其中，由于很复杂的原因，反铁磁层的存在可以将铁磁层中的所有自旋严格地固定在一个特定的方向上。然后添加上一个非磁性的间隔层，最后添加上第二个铁磁层，这一层中的自旋可以自由旋转，被称为自由层。该层对接近硬盘表面的磁场有反应，而固定层则没有。电流通过这样的三明治结构时，如果两个铁磁层是平行的（阀门打开），就相对容易流动，如果是反平行的（阀门关闭），则不易流动。硬盘在包含自旋阀的“读头”下面旋转，硬盘上编码的1和0使表面的第三层自由层来回切换，从而打开和关闭这个自旋阀，磁头读头上得到的电阻变化信号可以从硬盘单元输出，供计算机处理。20世纪80年代末和90年代初，自旋阀在IBM的阿尔马登（Almaden）实验室被开发出来，到了新的千禧年，所有的硬盘驱动器中都使用了自旋阀读出磁头。

在传统的硬盘技术中，硬盘需要非常快地旋转，大约每分钟7000转。这意味着读头离旋转轴越远，磁盘在读头下的移动速度会越快，但瞬时速度通常在每秒20 m左右（大约是高速公路上汽车的行驶速度）。读头漂浮在旋转磁盘表面上方大约15 nm（$1\ \text{nm} = 1 \times 10^{-6}\ \text{mm}$）处的空气垫上，以每秒几十兆字节的速度从磁盘上读取数据。仔细想想，这是一项非凡的工程成就。如果你按照比例放大硬盘的尺寸，使其直径达到几千米，而不是几厘米，那么读头的尺寸大约就是白宫的大小，它漂浮在磁盘表面1 mm厚（一根大头针针头的直径）的气垫上，而磁盘在读头下方以每小时几百万英里的速度旋转（这速度足以在一秒钟内绕赤道几十圈）。按照这个比例，每条轨道上的信息记录位将有几厘米的间隔。磁盘驱动器真的是非常了不起！

旋转硬盘需要能量。当然，硬盘是一个机械系统，可能会出现磨损和故障。尽管硬盘存储的信息量惊人，并且制造成本低廉，但它们并不是快速的信息检索系统。要获取一个特定的信息，需要移动磁头并将磁盘旋转到一个特定的位置，这可能需要几毫秒的时间。这听起来相当快，但由于计算机处理器可以在每纳秒左右执行一次操作，所以相比之下，几毫秒的时间简直太慢了。因此，现代计算机通常使用固态存储器来存储临时信息，而将硬盘用于长期大容量存储。然而，在成本和性能之间也会存在一个平衡。闪存正在流行起来（尤其是人们在钥匙环上带的U盘），但它们的寿命有限，在进行1万次写入操作后就无法使用了。

赛道存储器

信息存储技术的开发从未止步，阿尔马登实验室的斯图尔特·帕金（Stuart Parkin）正在研发一种特别巧妙的设备，叫作赛道存储器。它不包含移动部件，可靠性更高，速度有望比硬盘快得多，并且更节能。它的原理很简单，即信息比特被存储在磁性纳米线上，这些小的磁性纳米线只有几纳米厚。硅晶圆上的特殊元件将信息写入纳米线中，然后沿着纳米线前后移动数据比特。数据比特就像微型纳米赛车一样在导线轨道上快速移动，只有在需要时才返回到读取设备。这些比特数据可以非常迅速地移动，从而实现非常快的数据访问。最终的设备将需要在一个芯片上制备数千条这样的纳米线。

在赛道上的每一个0和1之间都有一个畴壁，也就是自旋从向上旋转到向下旋转的过渡薄区。赛道存储器存储技术的关键在于，如果沿着纳米线施加电流，就会有电子穿过畴壁。来自存储1区域的电子中，自旋向上的电子多于向下的电子，但当它们进入存储0区域时，一些电子的自旋必须翻转。自旋是角动量的一种，由于角动量必须守恒，电流对畴壁中的自旋施加了转矩，从而使畴壁沿纳米线移动。来自存储0区域的电子也会产生完全相同的结果，只是这里有更多自旋向下的电子，当它们穿过畴壁时，有些电子会向另一个方向翻转。如果你继续这个分析，你就会发现畴壁仍然向同一个方向滑动。因此，只需使用电流，就可以让整个畴壁队列在纳米线上同步前进（或者，通过使用相反方向的电流，就可以让其沿着纳米线后退）。

资金与时机

有许多有创意的、杰出的、原创的想法，可以彻底改变我们存储信息的方式。它们有多大的机会成下一代存储设备？这个问题的答案取决于资金和时机。之所以考虑资金，是因为要取代现有的数据存储技术，新的设备不仅要能提供更好的性能或新颖的功能，还要有更低的制造成本，否则没人会更换。此外，还需要一个良好的时机，因为有些想法在历史上的特定时刻行得通，但在这之前不行（因为其他一些技术还没有准备好），在这之后也不行（它们最终被其他东西取代）。机会之窗可能开启的时间很短，有时甚至根本不会开启。

垂直磁记录就是一个很好的例子，在这种记录方式中，信息被存储在磁化向上或向下的比特中。多年来，人们已经知道，这是一种比现有技术（即水平磁记录技术）更有效的磁记录方式，因为每个单位面积可以存储更多的比特。水平磁记录技术是将记录位在磁盘面内左右磁化。然而，实现垂直磁记录这一改变花费了很多年的时间，因为水平磁记录仪用得很好，制造技术也很先进，并且出现得正逢其时。而如果要使用新设备，还需要重新改造制造工厂，这也会产生相关的一些成本。只有当垂直磁记录仪的性能优势明显超过更新制造工艺所产生的成本时，这种转变才会发生。

磁泡存储器是20世纪60年代由贝尔实验室率先提出的一个概念，关于它的想法虽然绝妙，但从未实现。一层铁磁性材料可以被分为以不同方式磁化的磁畴。在某些材料中，自旋倾向于垂直于平面，圆柱状的磁泡畴可以很容易地在薄膜中形成并移动。在磁泡存储器中，铁磁薄膜静止不动，但编码信息的磁泡在材料中被驱动。之后，虽然这一概念被深入研究，但从未突破小规模应用（实验证明，确实有可能利用这个想法制造出非常稳定的适用于军事的存储器）。20世纪70年代末，磁泡存储器的发展被硬盘技术的发展超车赶上。

磁比特

一般来说，强烈的经济驱动力会让人们渴望在更小的空间中存储更多的信息，因此，需要找到一种能够制造越来越小的比特的方法。与集成电路上可放置的晶体管数量每两年大致翻一番一样（遵循一个被称为摩尔定律的经验关系），每单位硬盘面积上的存储信息容量也遵循类似的指数增长，如图12所示。在现代工业中，面密度（单位面积存储的信息）通常以Gbit/in²（每平方英寸10亿bit）为单位。图12中也以每平方毫米为单位显示了这些数值。1 mm²大约是大头针头部的面积，如果我们能在每平方毫米上读取万亿比特（1 Tbit或1000 Gbit）的信息，这就相当于每平方纳米上有一个比特，那么我们就能在原子尺寸的级别上存储信息。撰写本书时，当前的技术离这个目标还有一段距离。但是如果按目前的速度继续进展下去，我们可能会在21世纪20年代接近这个目标。

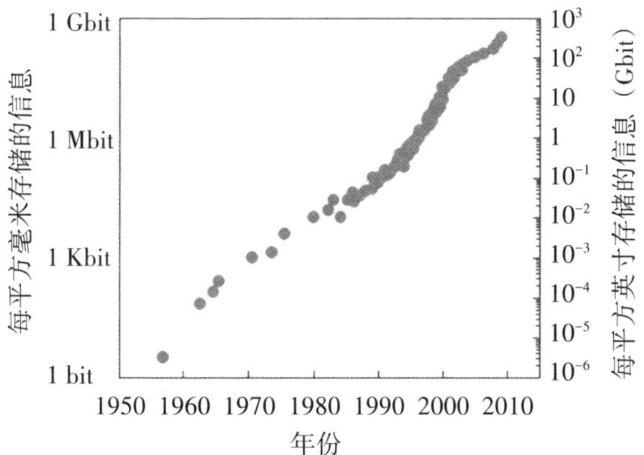

硬盘上的信息存储以每平方毫米（大致相当于针头的面积）存储的比特数表示。右轴以行业标准单位（每平方英寸千兆比特）表示。1 Kbit是1000比特，1 Mbit是100万比特，1 Gbit是10亿比特。

图12　硬盘中的信息记录密度随年份的变化

实现更大程度的小型化是要付出代价的。问题在于，当你试图在磁性介质中存储一些信息时，评判该技术是否有用的一个重要的指标是这些信息能保存多久。几乎所有的信息都是在室温下存储的，因此，该磁性介质需要在温度产生的随机波动效应（被称为热扰动）下具有稳定性。事实证明，控制该稳定性的关键参数是翻转信息比特所需要的能量（换句话说，磁化从一个方向翻转到相反方向所需要的能量），与和室温相关的特征能量（用电学单位制表示时，约为1/40 V）的比值。因此，如果翻转一个磁比特所需的能量非常大，那么这个信息就可以保存数千年（关于地球历史上磁场的信息已在岩石中被如实地记录了更长的时间，参见第九章）；而如果它非常小，那么信息就可能只能保持很短的时间（显然对于技术应用来说，这毫无用处）。翻转磁比特所需的能量与磁比特的体积成正比，因此，人们会立即发现将比特变得越来越小所带来的问题：尽管你可以以更高的密度存储信息位，但有一种非常现实的可能，那就是信息可能会被热扰动非常迅速地打乱。这就促使人们去寻找一些材料，而这些材料要很难将其磁化状态从一种状态转换到另一种状态。

磁记录技术发展的最终目标，是开发一种能在分子水平上工作的技术。实现这一目标的一部分必要因素可能已经到位，但现实的分子尺度技术离目标技术似乎还有一段路要走。合成化学家开发了一种新型的存储介质，称为单分子磁体。这些材料由分子组装而成，每一个分子都是非磁性化学基团包围的一小簇金属离子（见图13）。在每个分子中，金属离子耦合在一起产生一个巨大的自旋，可以在这

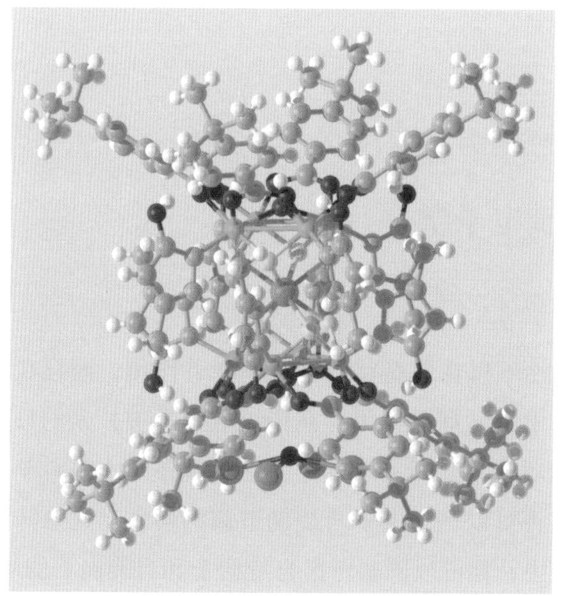

图13 单分子磁体的分子结构

里编码一些信息。每个分子的直径只有1 nm左右，因此，原则上信息可以以极高的密度存储。然而，到目前为止，尚未找到一种能够去单独处理这些高密度单个分子的方法。不过，与其他可能的方法相比，这些分子磁体也具有某些优势。首先，在传统方法制备的磁性小颗粒中，不可避免地会存在尺寸分布略有不同的问题。对于单分子磁体来说，由于其是化学合成的，可以用来制备出一组完全相同的分子。其次，分子磁体由于具有特殊的能级排列，以及能通过周围的化学基团与附近环境进行弱耦合，似乎有望作为量子信息的存储系统。

这是未来化学工程生产的比特位吗？

自旋电子学

磁性不仅在信息存储方面发挥着作用，而且在其他电子产品中也发挥着作用。在传统电子学中，人们只关心电子的运动及与其相关的电荷属性。现在，一些科学家开始考虑是否可以利用电子自旋制造新的器件。这意味着在任何电路中，你可以同时考虑自旋向上和自旋向下的电子流，并使用自旋阀、自旋注入器和其他自旋极化电路元件调控和操纵这些电流。通过将硅等传统半导体与铁磁体结合，并使用光刻和微加工技术，你可以将这些不同的材料融合到新的器件中。这个新领域被命名为自旋电子学，或简称为Spintronics。目前，它已经促进了自旋晶体管、自旋电子太阳能电池、畴壁逻辑元件和磁性随机存取存储器（MRAM）的发展。这些技术中的哪些会被证明是真正有用还有待观察，但可以肯定的是，电子自旋给在该领域工作的科学家们提供了一个他们所急需的额外维度，可以让他们重新思考电路和设备的发展，并为新技术的发明带来新的角度。

第九章

地球和太空的磁性

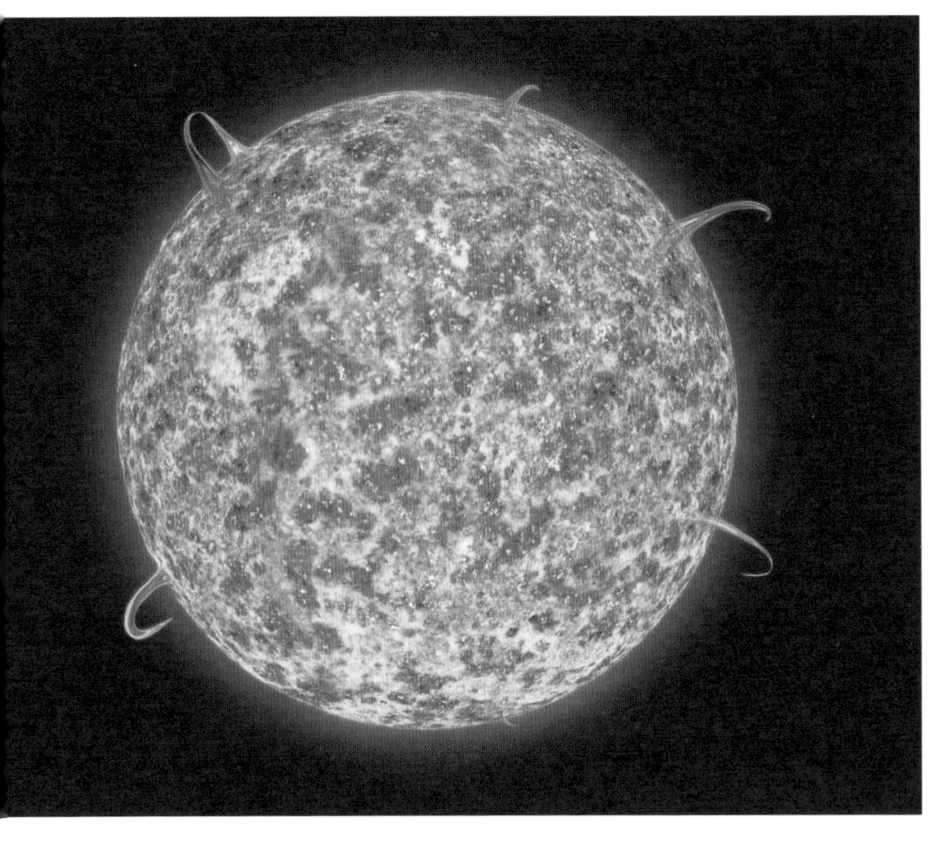

正如吉尔伯特所意识到的那样，地球是一块巨大的磁铁，我们的星球会产生大约 5×10^{-5} T的磁场［T（特斯拉）是磁场强度的单位，以我们在第三章中了解到的尼古拉·特斯拉的名字命名）］。在本章中，我们将思考地球为什么会表现出这样的行为，以及地球的磁性是如何保护我们免受太空中潜在的致命危险威胁的，我们还将探讨位于太阳系或宇宙中更远地方的其他天体的磁性。

动物和它们的磁性

首先，我们从地球开始讲起。我们的蓝色星球产生的磁场为水手们在航海的过程中指引了方向。其实，不仅仅是人类，许多动物都可以利用地球的磁场辨别方向。海龟、蝙蝠、苍蝇、蝾螈和龙虾都表现出了利用磁性导航的能力，当然，许多候鸟也可以，斑尾鹬利用磁性进行精准导航的例子尤其让人印象深刻。这种非凡的鸟儿可以从阿拉斯加州的中间不间断地飞到新西兰，行程约1万km。在为期一周的英勇旅程中，它们只飞越海洋，而不会经过可以提供导航标记的陆地。而且，新西兰是一个相对较小的目标，如果最初确定的方向差之毫厘，最终到达的目的地就可能谬以千里了。

然而，目前还不完全清楚磁性导航在动物体内的工作原理。许多动物对电场很敏感，对于一些在海水（一种导电型流体）中移动的鲨鱼和鳐鱼来说，当它们通过地球磁场时，仅仅是头部的左右摇晃，都很有可能会诱发可以被生物的电感受器检测到的电压（根据法拉第电磁感应效应）。这是这些鱼类的磁性导航机制，但这对不生活在水中的动物来说是无效的。这种机制有可能与已经在许多动物身上发现的磁铁矿小晶体（又是天然磁石）有关，鸽子、蜜蜂、海龟、虹鳟鱼和鲑鱼都是此类动物。

磁铁矿对某些细菌（被称为趋磁细菌）来说也是很重要的，这些细菌内部含有非常小的磁铁矿单晶链。这些链的排列方向与地球的磁场方向平行，同时细菌自身也相互对齐，它们不能旋转离开这个固定的方向，只能在磁场线上上下移动，这使它们能够导航移动到它们喜欢的氧气较少的泥浆中。对于小细胞生物体内磁铁矿晶体的生长，人们是这样认为的：在地球的某个历史时期，地球上的氧含量大大增加，轻易地将铁氧化成磁铁矿，生物体意外地把磁铁矿当作铁的一部分吸收入体内。这种在生物体内生长矿物结构的过程被称为生物矿化（动物体内矿物生长的其他例子也包括贝壳和骨骼的形成）。

虽然更复杂的动物体内含有磁铁矿，但目前尚不清楚它们是如何提供导航功能的。信鸽的喙中有很多复杂的结构，包括磁铁矿（Fe_3O_4）晶体和磁赤铁矿（Fe_2O_3）片层，但目前还不知道这些结构是如何引导鸽子找到路的。有人认为，一个小晶体的运动可能会在神经元上产生电势，或是打开细胞壁上的离子通道，但细节尚不明晰，问题也仍然没有得到解决。

人们也提出了另一种机制，即地球磁场控制着两个自由基（自由基是一个带有未配对电子的不带电原子或分子）之间特定的化学反应，并且现在人们已经知道，这种化学反应对弱磁场的方向异常敏感。科学家们在能感受磁性的鸟类眼睛中发现了隐花色素，这是一种感光蛋白，这种蛋白在被光激发后形成自由基对。近期对含隐花色素的果蝇进行的实验表明，它们对磁场很敏感，而缺乏隐花色素的果蝇突变体却没有这种能力。如果鸟类的眼睛就是使用的这种机制，那么斑尾鹬可能会通过某种内置的“卫星导航系统”找到它们前往新西兰的路，这种“卫星导航系统”会将磁性图像直接叠加到它的视觉上；或者斑尾鹬可能会使用多种线索，包括嘴里的磁铁矿、眼睛里的隐花色素、鼻孔上的微弱化学信号及太阳和恒星的位置，所有这些都有助于它们更全面地了解它们所在的位置。生物学家仍在试图弄清楚这一切是如何工作的，而我们其他人将一直惊奇于动物王国的神奇并感到印象深刻。

为什么地球是有磁性的？

尽管因为地球磁场的存在，人们可以利用罗盘导航，但处于地球上各个位置的罗盘都不会指向完全相同的方向。这种效应被称为磁偏移（有时被称为磁偏角），这意味着你需要对罗盘进行小的调整，才能计算出真正的磁北极在哪里。第一张磁偏移地图是1701年由埃德蒙德·哈雷（Edmond Halley）（因首次测量彗星轨道数据并预言其回归时间而闻名）根据他在一艘皇家海军舰艇上的观测结果绘制的，这艘舰艇被派去对地球的磁场进行第一次科学调查。哈雷意识到地球的磁场不是静止不动的，而是在缓慢移动，因此他认为，那些使用他的磁偏移地图的人应该记住，这是基于1700年的观察所得，并且“几乎所有地方的磁场都存在着一种永恒而缓慢的变化，这使我们有必要及时地对这个系统进行调整”。地球磁场随时间的变化是一个相当明显的现象。每隔十年左右，位于非洲的罗盘的指向就会移动1°，并且现在地球上的磁场强度总体上比19世纪弱了10%左右。地球磁场存在这种时间依赖性的原因我们将在后面讨论。

哈雷的磁偏移地图成了航海家们宝贵的工具，指引着库克船长的各种航行。1707年，由海军上将克劳德斯利·绍维尔（Cloudesley Shovell）爵士所指挥的四艘皇家海军舰艇在锡利群岛的花岗岩暗礁附近沉没，导致1400多名水手丧生。他们的导航使用的是所谓的“航迹推算法”：每天根据前几天的测量数据和对一天中旅行距离的粗略估计来确定当天船的位置，其中，平均速度的评估需要考虑洋流流速和风力（这个推算过程很容易造成误差，并且误差在长途航行中会不断积累）。随后的调查表明，他们没有使用哈雷修正的磁偏角。这场灾难震惊了政界人士，于是他们在1714年成立了一个经度委员会，其任务是鼓励创新者找到一种确定海上经度的方法。

航海罗盘还受到另一种效应的影响，这也会产生误导性信息，即船只本身的磁性影响。从钉子到锚，铁制的物品被越来越多地用于船上，随着铁制船舶的发展，这种偏差变得尤其严重。当雷雨发生时，雷击可能会突然产生一股电流，使船的各个部分被磁化，导致罗盘在人们最需要它的时候失灵。通常情况下，罗盘箱（船上安装导航仪器的箱子）会用铁钉组装，甚至有时是铁做的，这样罗盘就处于最糟糕的位置而不可能毫无差错地运行。19世纪中期，约翰·格雷（John Gray）的罗盘箱（装有可调节的补偿磁铁）以及后来由威廉·汤姆森（William Thomson）设计的一个使用两个球形补偿磁铁（被称为开尔文球）的设备，可以让船舶罗盘提供的测量数据尽量少地被干扰，这可以在很大程度上避免海难的发生。

为了给哈雷的磁偏移地图提供后续数据，需要监测不同位置的磁场。19世纪，高斯开发出了一套精细的数学分析程序，用来研究分散在地球各地的各个磁观测站所测量出的地球磁场的变化。高斯和德国科学家威廉·韦伯（Wilhelm Weber）以及亚历山大·冯·洪堡（Alexander von Humboldt）一起向英国海军部请愿，希望将天文台扩展到整个大英帝国，以及他们在全球范围内的地磁观测网——由哥根廷协调的磁力联盟，这也是首次在国际范围内进行的重大科学合作之一，是欧洲核子研究中心等现代企业的先驱。高斯方法的一个巨大成功之处在于，他能够证明磁场主要起源于地球本身。这和吉尔伯特所推断的相同，但是吉尔伯特错误地猜测地球是一个巨大的磁石。虽然在地球表面测量的磁场包含了来自地壳中磁化岩石的贡献，但地壳以下很深的地方的温度大大超过了这些岩石的居里温度，因此，任何磁性都会被破坏。一定还有很多未知因素等待我们去挖掘。

20世纪初，约瑟夫·拉莫尔（Joseph Larmor）提出：地球的磁场来自一个自我维持的流体发电机。这种观念认为，在地球的核心有一个由热效应驱动的热的导电流体循环。当导电流体穿过地球的磁场时，就会产生电流，正是这些电流产生了地球的磁场。这个解释听起来有点像有一个神奇的蛋，它会孵出一只鸡，然后把自己孵化出来。但拉莫尔发电机模型的“自给自足”特性意味着，地球核心内部的热源会不断地提供能量，这使得整个过程在持续升温。

事实上，拉莫尔的模型后来需要按照托马斯·考林（Thomas Cowling）在1933年提出的观点进行改进。考林证明，如果流体围绕某个轴的运动是对称的，那么发电机就无法维持运行。现在人们认为，镍铁流体在一些对流单元中运动，在这个对流小循环中，较热的流体上升，较冷的流体下降，与此同时，湍流也很重要。另一个因素是地球的自转，它对这种流体的影响就像它对大气层的影响一样。空气不会从高气压点移动到低气压点，而是以气旋和反气旋的形式围绕它们旋转，所有这些都是由地球绕地轴旋转产生的科里奥利力[①]所驱动的。同样，地球的自转驱动着地球液体内核的侧向运动。所有这些过程的结合导致了极其复杂的行为。正如我们将看到的，这对地球磁场的长期稳定性产生了重要影响。

太阳的磁场

拉莫尔意识到，他的发电机模型可能不仅适用于地球，也适用于太阳，于是他试图用它来解释太阳黑子。太阳上的这些黑斑早在基督诞生之前就被中国的天文学家注意到了，

① 译者注:科里奥利力,是描述旋转体系时需要在运动方程中引入的一个假想的力,来自惯性。引入后就可以像处理惯性系统一样简单处理旋转体系了。地球本身就是一个巨大的旋转体系,因此,科里奥利力也被广泛应用于很多场合。

并且经常被观测到。伽利略利用望远镜观察到了太阳黑子在太阳表面的移动，这使他得到了太阳自身在旋转的结论。太阳黑子变化的周期大约为11年，如图14所示，尽管这个周期并不规律。再往前追溯，太阳黑子的活动有一段非常安静的时期，大约从1645年到1710年，那时太阳黑子的数量几乎为零。这段时期被称为蒙德极小期，与北美和欧洲冬季异常寒冷的小冰期重合，不过这两个事件是否有关联仍有争议。

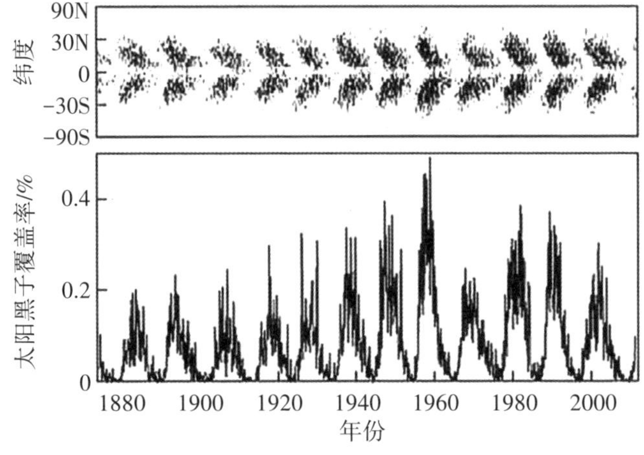

图14　太阳黑子的周期分布

1852年，管理着地磁观测网的爱德华·萨比恩（Edward Sabine）爵士注意到，地球磁场过度波动和扰动的周期与太阳黑子数量的11年周期有很强的关联性，这表明太阳的活动会对地球磁场产生影响。

太阳黑子的数量变化遵循一个周期，但是这个周期并不规则，周期大约为11年。图14中的“蝴蝶图”描述了在每个周期中太阳黑子是如何在更靠近两极的位置出现，然后再向赤道移动的。

太阳是一个非凡的天体，它的质量占太阳系总质量的99%以上。太阳的外层大气具有非常高的温度（约100万℃），被称为日冕，它所激发出的质子、电子和阿尔法粒子的速度超过了太阳的逃逸速度。这些粒子从太阳表面流出，形成了所谓的太阳风。带电粒子的流动产生了磁场，这就形成了行星际磁场。在地球上，它的强度大约是6 nT。

太阳风的存在是从太阳系的彗星观测中推断出来的。观测显示，不管彗星的运动方向如何，彗星的尾部总是指向远离太阳的方向，这意味着从太阳表面向外流出的粒子流正在将彗星尾巴吹离太阳。然而，粒子流并不稳定，而是随着太阳表面发生事情的变化而随时变化。

1908年，在威尔逊山天文台工作的美国天文学家乔治·埃勒里·海耳（George Ellery Hale）发现，太阳黑子中心暗区的磁场达到了零点几个特斯拉，比地球表面的磁场强1000倍。海耳并不需要在太阳上进行这些测量，他可以在不离开洛杉矶的情况下进行测量。他收集了来自太阳特定区域的光，并将这些光分解成组成它们的各种波长的单色光。在每个光谱中，他都能看到某些原子跃迁所发射出的特定光谱线，然后他在其中寻找任何由塞曼效应（见第七章）所导致的光谱线的分裂。根据塞曼效应，磁场会导致光谱线出现能量分裂，并且能量分裂的大小与磁场的强度成正比。通过对太阳各个部分的光重复进行这个实验，他绘制出了太阳上的磁场图。海耳的研究结果表明，太阳黑子为太阳表面的大磁场区提供了一个标记。

太阳中含有被电离的气体（外部电子被移除，剩下的原子带正电荷），飘浮在周围的单个粒子都带有电荷，由此产生的离子和电子云形成了等离子体。等离子体可以在地球上产生，如一些电视的显示屏上就使用了等离子体。在等离子电视中，低气压的氙气和氖气被封闭在许多夹在电极和玻璃之间的小单元格中，电极依次触发每个单元格，并通过激发气体产生电流，从而发出光。当然，这些都是在室温下完成的，在非常热的等离子体中可能会发生非常有趣的事情，因为太阳上等离子体中的粒子带电并且移动非常快，它们可以产生磁场并且与磁场相互作用。在这样的等离子体中，磁场线可能会被部分流体捕获，并随着流体的流动而被拖拽，由于流体的复杂运动，这些磁场线可能会变得扭曲并且缠绕。当磁场线几乎交叉时，就会发生一种被称为磁重联的现象：磁场线断裂并重组，在此过程中释放能量，从而实现磁能和动能之间的转换。现在我们知道，所有这些过程在太阳中都很重要。

在每个太阳黑子周期的开始阶段，人们发现太阳黑子开始呈两个条带状出现，每个条带都出现在相对高纬度的地区（北半球高，南半球低），但在周期接近结束时，人们发现这两个条带更靠近赤道，这种模式在图14所示的所谓的“蝴蝶图”中很明显。目前，对这种现象的解释尚未完全确定。简单地说，理解太阳发电机需要掌握流体力学、等离子体物理学等知识，还要考虑在旋转的、冒泡的一锅对流的湍流流体中，磁场线的扭曲和转动所导致的相互作用。

太空气候

当太阳风从太阳上吹出时，它与地球磁场相互作用，产生了一种有点类似于冲击波的东西，它包围着一个被称为磁层的区域，如图15所示。磁层呈泪滴状，在靠近太阳的方向上延伸出大约10个地球半径的长度，在远离太阳的方向上可能有几百个地球半径的长度。磁层在地球周围形成了一圈保护层，将地球包裹起来，并保护着地球使其免受太阳风恶劣环境的影响。

图15　地球(右)的磁层与太阳(左)上太阳风产生的带电粒子相互作用

地球磁层的下层被称为电离层，这是一系列由电子和离子组成的同心壳层，存在于大气非常稀薄的区域，所以带电粒子可以维持相当长的时间而不会重新组合。磁层的下层在地表以上约50 km处，含有氮和一氧化氮等离子化分子。磁层的上层延伸到地表以上约500 km处，含有离子化原子。来自太阳的紫外线辐射导致了各层的电离，所以白天和晚上的离子密度不同。短波无线电的传播之所以和每天的具体时间相关，是因为远距离发射站的无线电波是从电离层的不同层反弹后被接收的，无线电波的传播取决于这些层中的离子密度。太阳活动也会影响电离层各层的厚度和均匀性，从而影响无线电接收的质量。此外，流星雨（它会短暂地增加电离层的电离）也会产生类似影响。

大气中的带电粒子会与地球的磁场相互作用，它们绕着磁场线旋转，集中在地球的两极周围。在两极处，磁场线的密度更大，粒子之间发生碰撞，导致光的发射。这将在天空中产生一种彩色的光，在靠近北极的地方，它们被称为北极光，亦称为波瑞阿斯光（在希腊神话中，波瑞阿斯带来了北风）；在靠近南极的地方，它们被称为南极光。

磁场会对带电粒子产生一种作用力，这种力垂直于磁场及带电粒子的运动方向。因此，带电粒子绕着磁场线呈螺旋运动。当一组磁场线聚集在一起时（就像它们在两极附近汇聚那样），粒子可以在这些区域发生反射，并从另一条路径绕回来。结果，来自太阳风的许多带电粒子被困在地球周围的环形区域，该区域被称为范艾伦带。因为地球的旋转轴与地磁轴的夹角约为11°，所以范艾伦带的内部在南大西洋附近非常靠近地球，产生了一种被称为南大西洋异常的效应。在这个区域，卫星特别容易受到辐射的影响，因为范艾伦带的磁保护是最弱的。研究发现，由于该区域的辐射增强，当航天飞机经过该异常区域时，航天飞机上的笔记本电脑会更容易死机。

有时，太阳表面会发生太阳耀斑。这些巨大的爆炸将气体加热到数百万摄氏度，从中释放出X射线、伽马射线及带电粒子。在日冕物质喷射的过程中，被磁场线缠绕的气体泡在几个小时内就从太阳中喷射出来。当带电粒子到达地球时，其所带来的剧烈影响会扰乱地球的磁层，并引起所谓的地磁暴。有时候这样的风暴会在长电线中产生电流，可能会破坏电力供应。通信卫星也会受到地磁暴的威胁，首先是因为宇宙辐射的增强，其次是因为它们周围流动的带电粒子的数量和能量的增加，最终导致有害电压的产生。因此，我们不仅要关注地球大气层的天气，还要关注太阳的气象状况。

由于远离地球磁层的保护，在距离地球较远地方飞行的航天器就特别脆弱。1972年8月，在最后两次阿波罗载人登月任务之间发生了一次强烈的太阳耀斑。如果是在宇航员执行登月任务时发生了耀斑，那么宇航员在没有地球磁场的保护下，其受到的辐射量将会是致命的。大的太阳耀斑相对而言较为罕见，但对未来的载人航天任务来说却是一个令人担忧的风险，特别是对火星这样更遥远的目的地来说，漫长的旅行时间增加了灾难性事件发生的可能性。

地球不仅为人类提供了大气层（大气层可以提供我们呼吸所需的空气），还为人类提供了一个磁盾，这个磁盾可以保护我们免受致命的宇宙辐射的伤害。

磁场反转

在山脉的山口附近导航时，人们会发现，罗盘的指向有时会偏离磁北极，这是因为当地有被磁化的岩石，这种效应为人所知已有一段时间。1794年，洪堡推测这种效应是这些岩石被闪电击中造成的（近年来，闪电被认为是使岩石磁化的原因，因为单靠地球磁场不足以使一大块岩石磁化）。然而，在19世纪中期，人们意识到，火山岩石冷却到居里温度后，会沿着当时地球磁场的方向磁化。因此，某些岩石中就包括了冻结的化石记录，记录了岩石冷却时当地的磁场方向。

在解释这些化石记录时，存在一些有趣的复杂情况。有时，一些特定岩层在冷却后会发生折叠和弯曲，所以这些岩石可能不在同一方向上。由于大陆漂移，这些岩石甚至可能不在同一地理位置上（举例来说，在测定远古时期地磁北极的位置时，大西洋两岸的岩石似乎会给出不同的答案。只有当人们意识到大西洋是一个相对较新的事物，它在几亿年前还不存在，这些岩石的漂移距离并不同时，这样答案才不相互矛盾）。

然而，19世纪末，在大陆漂移假说被提出之前，人们已经意识到在历史的一些不同时期，地球磁场都发生了逆转。通过对各种熔岩利用放射性同位素进行测年，我们可以重现这段历史，如图16所示，在过去的80万年中，地球磁场的北极位置大致保持在现在的位置。尽管在此期间，它的确切位置在北半球相当大的范围内徘徊移动，但目前正在以每年约50 km的速度向北穿过加拿大的北极地区（由于太阳风在电离层和磁层中产生了可变电流，磁北极每天在其大致位置左右摆动约80 km）。然而，这些历史数据表明，在磁北极转换到南半球的过程中，磁场发生了剧烈的反转。人们认为磁场反转的持续时间相对较短，可能只有几千年。这种现象并不是周期性的，图16中的数据显示，地球磁场有一些保持相当长的、相对稳定的时期，就像我们现在所处的时期，而有时磁场反转会更迅速地连续出现。磁场反转之间的时间间隔大约在1万年到1000万年不等。平均来说，似乎每百万年有3～4次反转，这再次印证了目前的情况是相对稳定的。

黑色区域代表地球磁场的极性与现在相同的时代，
白色区域代表地球磁场的极性与现在相反的时代。

图16　过去8000万年中地球磁场的反转

是什么导致了这些反转？人们如何能够预测它们何时发生呢？第一个问题的答案还没有完全明确，但目前认为这些反转是由地球这个发电机的混沌性质、液体外核的对流、液体外核与固体内核（内核宽度为月球的70%，自转速度比地壳略快）之间的热量流动以及磁场线的扭曲和缠绕等复杂的相互关系导致的。这本质上是一个非线性问题，就像大气中的气旋和反气旋一样，人们会在导电液体的外核中发现由地球自转产生的科里奥利力所驱动的漩涡。这个过程很复杂，就像预测天气一样，不可能长期预测。即使采用目前最先进的超级计算机，它能给我们提供有意义的模型解释磁场反转可能是如何发生的，我们也仍然无法确定地球磁场已持续80万年的稳定期何时结束。地球磁场的反转可能并不会让人舒服：它反转时可能会伴随着磁场强度的显著下降，并且地球磁场对我们免受太空辐射和太阳风伤害的这种保护也将暂时关闭。

太阳系的行星

自20世纪60年代初以来，人类通过配备了机载磁力计的“先驱”号、“水手”号和“旅行者”号太空探测器进行了一系列测量，有关太阳系其他行星及其卫星周围磁场的信息已经被人类获得。我们现在知道，木星和土星的磁场都非常强大。来自太阳风的带电粒子被困在它们的磁场线中，带电粒子会辐射出无线电波。这就产生了地球上可以探测到的电磁波，而且这些电磁波受到行星旋转的影响，科学家们通过这种方式首次推测出了两颗行星的磁场。一般来说，已经发现行星的总磁性（或用专业术语称作它的磁矩）大致与行星的角动量成正比，这和地球的物理模型相似：一个地球发电机，用旋转动能来驱动磁场。月球和火星的磁场都要弱得多，这可能是因为它们缺乏液态的内核。木星（其磁矩约为地球的2万倍）的巨大磁矩说明其地核周围厚厚的氢层（在强大的重力压力下，它变成了金属态）使这个活跃的发电机的运转可以得以维持。以木星为例，其内核的半径可能达到行星半径的75%，其表面的磁场强度大约是4/10000 T，大约是地球磁场强度的10倍。木星的磁层在靠近太阳的方向上延伸了几百万千米，而在相反的方向上延伸得更远，几乎到达了土星的轨道。如果我们能从地球上看到木星的磁层，那么它看起来会和月亮一样大，尽管木星本身只是天空中的一个亮点。

外太空

宇宙中最强的磁场之一是在中子星中被发现的。这些天体的存在是由沃尔特·巴德（Walter Baade）和弗里茨·兹威基（Fritz Zwicky）在20世纪30年代提出的。他们推测在超新星爆发后，可能会形成一种只由中子组成的致密天体。中子星直到1967年才被观测到，那时剑桥大学的一名研究生乔斯林·贝尔·伯内尔（Jocelyn Bell Burnell）发现天空中有一些天体会发出周期性的无线电脉冲。发现周期性信号是一件非比寻常的事情，她最初将自己的发现命名为LGM（Little Green Men），也就是“小绿人”的意思。然而，人们很快就意识到，她发现的信号来自高速旋转的中子星（现在称为脉冲星）。这些物体发射的电磁辐射束流沿着磁轴排列，而磁轴通常与旋转轴成一定角度。只有当电磁辐射束流指向地球的那一刻，我们才能观察到电磁辐射的短暂脉冲。脉冲星的自转速度非常快，其轨道周期从一毫秒到几秒不等，最近新发现的脉冲星的自转速度更快，不过其自转速度随着时间的推移会缓慢下降。

中子星的密度非常大，相当于整个恒星的质量被压缩成一个半径只有几千米的球体。在它们形成的过程中，原本的恒星磁场被压缩，因为恒星向内坍缩，迫使磁场线聚集在一起，并将磁场强度放大，从而产生了1亿T的磁场。一种被称为磁星的中子星，其磁场强度可能达到100亿T。磁星被认为是在特定的条件下形成的，这种条件会导致一个额外的发电机机制产生，使中子星的磁场较正常情况下还要更大（尽管中子星没有任何事情值得被认定为“正常”）。磁星并不稳定，其表面的地震也会引发大量X射线和伽马射线的释放。

星系中，包括我们的银河系中，也遍布着非常微小的磁场，其强度通常只有十亿分之几特斯拉。这些磁场的来源尚不完全清楚，但最合理的解释是，宇宙早期存在的一个更小的原始“种子”磁场，被每个星系的发电过程放大了。了解这些微弱的星际磁场可能有助于了解星系的形成。

地球上的核聚变

自第二次世界大战以来，为了在地球上实现核聚变反应，人们进行了大量的研究工作。在核聚变反应中，轻原子核融合在一起产生重原子核，这个过程中会释放出大量的能量（这应该与核裂变形成对比，核裂变是将非常重的原子核分裂成更小的部分，而且这已经在常规核电站中被使用)。核聚变的过程保证了太阳的持续发光，这明显有很大用处。它是一种非常有效的能源生产方式，如果我们能建造出行之有效的核聚变反应堆，我们就能解决地球上迫在眉睫的能源危机。核聚变反应堆所使用的原料廉价且充足（只需要相对少量的可以从海水中提取到的氘，其目前的储备甚至可以满足我们几千年的消耗)，并且技术是环保的（生产产生的废物只是非常少量的氦，而且不产生温室气体)。问题是，要想产生核聚变反应，必须把等离子体加热到2亿℃，这个温度的量级与通常所遇到的温度的量级完全不同——最热的炉子的温度也很少超过几千摄氏度。

在太阳中这种温度是自然而然产生的，但在地球上就完全不同了。如果你把等离子体放在一个容器里并加热，那么这个容器会在温度达到几千摄氏度时就被蒸发。那怎样才能把等离子体的温度控制在2亿℃呢？磁场再一次给出了答案。如果被驱动的等离子体绕一个圆形路径运动，就会产生一个磁场，这个磁场会将等离子体限制在这个圆形路径内。如果在不同的方向上放置额外的磁铁，等离子体就可以被精准控制，尽管这个过程相当复杂，因为等离子体是一个狡猾的家伙，如果让它保持在一个明确的甜甜圈形状内运动，就像是抓住一条特别有攻击性的蛇那样难。核聚变已经在牛津郡卡勒姆聚变能源中心的核聚变实验中实现了，尽管只持续了几秒钟。目前，我们只是有可能接近盈亏平衡点，超过盈亏平衡点即所产生的能量比启动整个系统所需的能量还要多（很明显，只有在一定程度上超过这个点，核聚变才能用于实际的电力生产)。国际热核聚变实验堆（The International Thermonuclear Experimental Reactor，简称ITER，见图17）目前正在法国南部的卡达拉舍建造，它的设计目标是用50 MW的输入功率产生500 MW的输出功率。它使用能够产生超过10 T磁场强度的大型超导磁体来限制等离子体，阻止其接触真空室的壁。这项工程需要克服的重大技术问题还包括如何防止超导磁体的退化，因为热等离子体中产生的中子可能会轰击超导磁体使其退化。建造聚变反应堆需要综合不同领域的技能，从重型工程、核物理到材料科学等。

图17　国际热核聚变实验堆（ITER）

但是，核聚变研究是一个漫长的过程。ITER可能要到21世纪20年代才会完全投入使用。ITER的后续计划正在进行中，目标是在2040年之前将电力投入电网，这样核聚变可能在21世纪下半叶成为现实。然而，无论何时，当一个核聚变发电厂最终来到你身边时，一个合理的断言是它将使用一块大磁铁。

第十章

奇异的磁性

磁石的磁性是一种平行取向的状态，其中所有自旋都平行排列。磁性“动物园”中也有一些奇怪的“动物”，它们的自旋排列会更加复杂古怪。本书的最后一章介绍了一些奇异磁性的例子，并展示了原子磁体在固体中相互作用的各种令人惊讶而复杂的方式。

反铁磁性

根据磁性固体中原子相互作用的方式，自旋有可能并不完全平行排列。如果每个磁性原子的自旋都倾向于与其相邻原子相反，那么我们最终会得到第六章中图9（b）所示的系统：反铁磁体。

许多化合物（特别是氧化物）都是反铁磁体，这是因为中间插入了“碍事”的氧原子，影响了原本磁性原子间的相互作用，导致磁性原子的自旋被迫反平行排列。一个典型的例子是含有镧的铜氧化物（其准确的化学式是La_2CuO_4），这种化合物包含许多由正方形组成的层，铜原子分布在正方形的角上，氧原子则在两个铜原子之间，该化合物是一种铜原子自旋反平行排列的反铁磁体。但是，如果从层中吸出一些电子（使用化学方法对层间的镧原子进行处理），就可以使材料进入超导态，这时电阻会完全消失。反铁磁性似乎和高温超导性的谜题混合在一起，高温超导也是物理学中的一个焦点话题，因此，这些反铁磁体及其相关物质的磁学性质依然会引起人们的极大兴趣。

受挫而生

铁磁体和反铁磁体都是有序的磁体，如果对这些材料进行降温，降到足够低时，每个磁性原子中的自旋都会完全平行排列（铁磁性）或者反平行排列（反铁磁性）。但是，如果无法找到一种满足它们之间相互作用的自旋排列，事情就会变得相当有趣。可以用一个很好的例子来解释这类问题，就是所谓的“爱情三角”，当A爱B而B却爱C时，

A和C的关系将不可避免地变冷淡。另一个更复杂的问题是，三个自旋分布在三角形的各个角上，而自旋间的交换相互作用使得每个自旋都希望与它相邻的自旋成反平行排列（见图18）。这个问题没有简单的解决方案，在经典模型中自旋必须采取某种“不舒服”的妥协方案，然后“痛苦”只能被所有自旋共同分担。

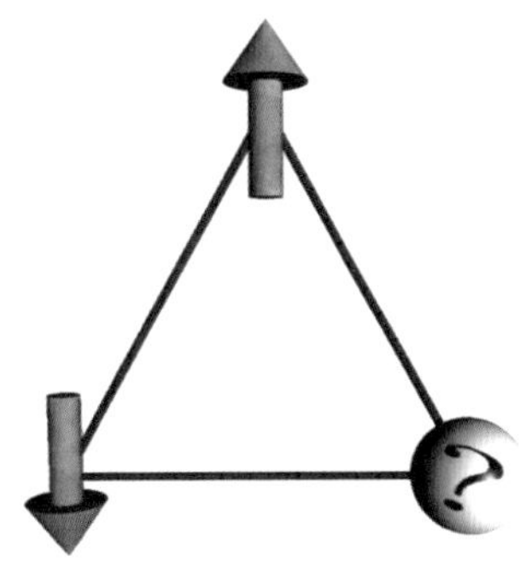

图18 三角形顶点上的自旋分布

当实验研究人员寻找下面这种新型材料时，情况会变得更加复杂：要么是材料的自旋分布在大量三角形网络的角上（又称为kagome格子，它以一种日本篮子的编织模式命名），要么是材料的自旋分布在共享角的四面体网络中（稍后会详细介绍）。占据这些位置的自旋会感到备受“折磨”，因为这种现象来源于阻挫[①]，无法同时满足所有的交换相互作用。

① 译者注：所以前面的小标题叫“受挫而生”，即各种复杂的自旋排列因阻挫现象而产生。

两个自旋分布在三角形的两个角上，它们之间满足反铁磁发生相互作用的条件。但是当你在第三个角上再放一个自旋时，会发生什么呢？这种情况就是阻挫。

即使冷却到低温，也不足以迫使自旋以任何有序的方式排列。有时候固有的随机性会阻止有序现象的发生，而这种随机性的来源可能是自旋在固体中的位置，或者是其相互作用的本质。此时，自旋会减慢并开始稳定到某种长时间尺度上的随机无序状态，这个状态的特征是其动力学过程持续时间非常长。这种系统被称为自旋玻璃，以强调其磁性状态与非晶态固体（通常被称为玻璃）中原子位置无序的相似性。

如果无序并未出现，但各种相互作用彼此影响和调整，使磁有序受到阻挫，那么另一个选择是形成所谓的自旋液体，这是一种类似流体的磁状态，自旋彼此之间高度关联，即使温度降低到绝对零度，它们仍会继续波动。自旋液体的概念最早由美国物理学家菲利普·安德森（Philip Anderson）在20世纪70年代提出，他描绘了这样一个物理图像：一个晶格中的相邻自旋之间有反铁磁相互作用，然后假设成对的自旋将在非磁性的单重态下结合在一起（如第六章所述），那么这是一种类似于薛定谔的猫的“上下”和“下上”构型的组合。

新的转折点在于，安德森意识到有多种方式可以让晶格上的自旋配对成单重态。根据量子力学这个奇特世界的规则，他认为所有可能的配对构型同时存在于一个巨大的叠加态中，从而可以实现所有可能的情况。自旋液体就像一个巨大的舞池，里面有许多舞者在跳探戈，但所有可能配对的舞伴同时存在。目前，科学家们正在通过实验努力模拟自旋液体。

发现新磁体

新的磁性材料是如何被发现的呢？有很多常用的方法，一是在合金中调控各金属组分的比例，并进一步优化以实现所需的性能；二是使用固体化学的手段来设计一些复杂的化学结构，其本质上相当于法国蓝带厨师的高级烹饪技法，原料更加奇特，烤箱温度更高，并且烹饪时间更长。

目前研究的一个具有非常多丰富内容的领域是使用复杂分子团来组装基于分子（而不是基于原子）的磁性材料，这种方法最初来源于《自然》杂志，其中有文章提出使用小分子来构建生物系统。这种策略的优点已被生物化学家所熟知，即使用化学方法对分子“建筑砖块”进行小调整，使其在功能上产生极其细微的变化，从而可以做到仔细调整，获得所期望的某些最终产物的属性。通过这种路径，我们发现了新的磁性材料，其中一些材料还具备有趣的光学特性。

另一个在当前引起广泛关注的研究领域是能同时结合电学和磁学性质的新型材料。这类材料被命名为多铁材料，因为它结合了不同类型的“铁”（ferro）性有序：铁磁性（磁矩的排列）、铁电性（电偶极子的排列）及可能的铁弹性（弹性形变的排列）。虽然 ferro 这个前缀来自拉丁语 ferrum，意思是“铁”，但现在则被用来描述某种物理特性的自发排列，就类似于铁中磁矩的自发排列一样。多铁材料中，不同性质会相互作用，这使得使用电场翻转磁化状态或使用磁场翻转电极化状态成为可能。前者可能特别有用：一方面来看，磁的有序态特别适合用于存储信息（见第八章），而目前常用的使用磁场来翻转磁化状态的装置则相对复杂；另一方面，在微观尺度上施加电压较为容易，因此，电调控磁性将非常有用。电调控磁性的具体原理其实并不复杂，即电压切换了铁电态，这会带动与之相互作用的铁磁态进行切换。

自旋冰与磁单极子

条形磁体一端为北极，另一端则是南极。如果你想通过将磁体切成两半来获得单个磁极，那么你只会发现在原先北极那一半的切口处形成了一个新的南极。磁极总是成对出现的，即使是单原子也被视作一个磁偶极子（即有两个磁极）。麦克斯韦方程组（见第四章）表明不存在孤立的磁极（也称为磁单极子）。

磁单极子不存在的推理过程已经被许多物理学家所质疑，包括亨利·庞加莱（Henri Poincaré）和约瑟夫·约翰·汤姆森（J. J. Thomson）。狄拉克提出，自由磁单极子应该是存在的，并且其磁荷是量子化的。但是，由于一直缺乏有关磁单极子存在的实验证据，狄拉克对此感到很失望，这种情况一直持续到今天。一些大统一理论预测磁单极子可能在早期宇宙中存在，在撰写本书时，有人猜测在大型强子对撞机中可能会出现磁单极子存在的证据。

但是，最近人们发现了行为类似于磁单极子的固体，这种固体甚至可以被握在手中。为了更好地解释这个发现，我们先从一种迷人的化合物——钛酸镝讲起，这种材料由镝、钛及氧元素构成，但我们只关注镝原子，因为它是磁性元素。这种化合物的结构被称为焦绿石结构，因为它与某些岩石中发现的矿物焦绿石［之所以被命名为焦绿石（希腊语中是“绿色的火”），是因为当你将其置于热火中时，它的颜色会变成绿色］的结构相同。钛酸镝中镝原子位于四面体的角上，这些四面体在三维空间排列在一起，角与角相连。镝原子与其他原子（我们一直忽略的钛、氧原子）之间存在电子的静电相互作用，因此，镝原子的磁矩要么指向四面体的中心，要么从中心向外指向四面体的角，只有这两种可能。

另外，镝原子间的磁相互作用使得四面体中两个磁矩指向中心，另外两个磁矩从中心指向角。具体哪两个磁矩向内、哪两个向外并不重要，但是“两内两外”的规则必须遵守［见图19（a）］。当把这个规则延伸到整个晶体时，可以自由选择哪些自旋向内、哪些向外，这就会给整个系统带来额外熵的增加（低温下残留无序度的增加），而且这也可以被实验所探测。

20世纪90年代，人们在钛酸镝中发现这一现象后，人们意识到早在几十年前就有研究者在冰中发现了完全相同的现象。冰，是冻住的水（H_2O），冰中的氧原子也是排列在焦绿石晶格，即一系列四面体的网络结构中的。但是，每个氧原子都带有一对氢原子（因为它的分子式是H_2O），结果发现这一对氢原子要么指向四面体中心，要么向外指向四面体外的相反方向。对每个四面体来说，两个氧原子对应的氢原子的方向指向向内，另外两个氧原子对应的氢原子则指向向外，这就是必须遵循的所谓的“冰规则”。有很多方式可以满足“冰规则”，因为你可以随便选择哪对氢原子方向向内，所以会有一个额外熵的贡献。这种残留的无序也确实通过实验在冰中观察到了，直到1936年，莱纳斯·鲍林（Linus Pauling）才提出如上所述的这种解释，消除了人们的困惑。钛酸镝的内在物理机制与冰的非常类似（把镝原子的磁矩替换成一对氢原子），因此，这种材料被称为自旋冰。

以上这些都很有趣，但是到目前为止还没有涉及磁单极子。直到2007年，人们才弄清楚一个问题——如果给自旋冰增加一些能量，打破其平衡态，将会产生什么变化？

换句话说，人们早已了解自旋冰在低温下的变化情况，即所有的四面体依然遵循“两内两外”的原则，但在该结构中增加一个错误会怎么样呢？如果将其中一个单自旋翻转，那么会发生什么呢？显然，其中一个四面体会出现“三内一外”，与此同时，由于四面体之间是共享角的，另一个相邻的四面体则会变成“一内三外”［见图19（b）］。其中的关键点是，第二个四面体可以通过翻转另外一端的自旋来恢复到常规的“两内两外”状态，即相当于“三内一外”的构型进行了移动。更重要的是，我们可以重复这一操作，将“一内三外”构型远远地推离“三内一外”构型［见图19（c）］，因此，这两个破坏了传统“冰规则”的构型可以各自独立地在自旋冰中移动。

现在总结一下我们已经做了什么：我们从完美标准的自旋冰开始，先是翻转了一个磁矩，破坏了两个相邻的四面体，将一个变成“三内一外”（简写为+），另一个变成“一内三外”（简写为-）。我们意识到这两个被破坏的四面体可以相互分离，+和-可以自由地在晶体中移动。更令人惊奇的是，+和-这两种形式表现得像是两个带有相反电荷的磁单极子。最后这个猜想最初来自理论计算，结果表明，如果这两个被破坏后的四面体是磁单极子，那么它们之间的力正好符合我们的预期。很快，精巧的实验提供了令人信服的证据，证明这些激发确实可以被认为是磁单极子。

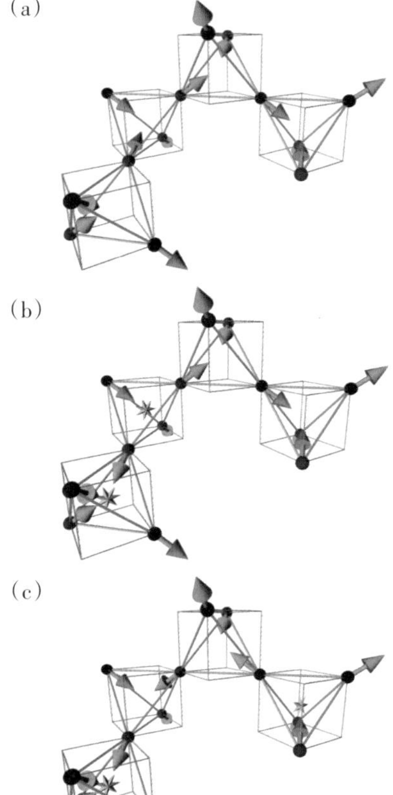

(a) 在自旋冰的基态中，每个四面体中有两个自旋方向向内，另外两个自旋方向向外；(b) 翻转一个自旋后破坏了两个相邻四面体的自旋冰条件（中心用星号标记），左边的四面体是“三内一外”构型，右边的四面体则是“一内三外”构型；(c) 通过在四面体之间翻转自旋，这个被破坏的自旋冰条件就可以被传递到更远的四面体上。

图19　自旋冰的构型

层展宇宙

自旋冰中的磁单极子是一种小的巧妙处理手法吗？从某些层面来讲，的确如此。目前，还没有人在宇宙中发现真正的磁单极子，同样这也并未违反麦克斯韦方程组。我们目前对于粒子物理的理解几乎可以肯定是不完整的，在未曾探索过的角落里可能会有许多惊喜，磁单极子的存在也许就属于其中之一。自旋冰中的磁单极子本质上仍是由自旋、小的原子磁偶极子构成的，每个磁偶极子都遵循麦克斯韦方程组。然而，它们的集体行为会产生类似于磁单极子的效果，这的确是个不寻常的现象。用磁单极子的模型来描述这一现象是最有效的。归根到底，这就是物理学家所做的一切——找到最有效、最经济、最优雅的模型来解释所发现的种种物理现象，在自旋冰的背景下，磁单极子的物理图像恰好能为我们做到这一点。

磁学中存在一些条理非常清晰的物理学模型，可以用它们来解释自旋之间的相互作用。从复杂的相互作用平衡中展现出的各种性质往往完全出人意料，尽管这些都来源于我们所熟知的相互作用，但是物理问题的复杂性和多原子性导致了新的现象的产生——即便是最简单的铁磁性，也不能发生在单个原子中，而是需要众多原子才能体现出来。这就是一种层展现象，而这并不符合还原论（即将物质分解到最小单元来研究），虽然我们也知道还原论在许多科学分支中是非常有效的[①]。

结语

磁学不仅改变了我们对宇宙的认知，更改变了我们所在世界的现状。磁性给我们带来了指南针，我们因此能够在大海中辨别方向；磁性给我们带来了发动机、发电机及涡轮机，给人类社会增添了无数的能源；磁性藏在许多电子传感器背后，帮助我们通过麦克风和扬声器录制和播放音乐，并且改变了我们存储信息的方式。总之，磁学在我们的航海、工业和信息革命中发挥了重要作用。

对磁学的研究主要是建立数学描述类比法，对各基元间的复杂且细微的相互作用进行编码。其中的许多模型后来都被转而应用到其他领域，比如复杂理论就可以用来对

---

① 译者注:层展论和还原论是科学研究的两条基本路线。层展论的代表人物是前面提过的安德森,他认为“More is different”,大致意思是“多了就是不一样”,强调物质的每个层次都有全新的规律。

生物学和社会学过程建模。将一块磁石从居里温度之上逐渐降低温度，会引入一个相变，将其从无序顺磁态转变为有序铁磁态，而对这一过程的理解则有助于对其他相变的研究，比如宇宙早期形成时应该发生的相变。对阻挫磁性的研究，同样有助于对其他阻挫体系的研究。在这些体系中，阻挫的相互作用阻碍了某个状态的实现，因为这个状态无法满足所有的限制条件。另外，正如前文所述，磁学研究也增加了人们对层展宇宙的认识，在这个宇宙中，单独相互作用单元们的集体行为会产生一个不同的效果，这个效果如果只从单个单元的研究角度来看是无法理解的，一种新的深刻属性就此展现，而这来源于众多单元之间的相互作用。

但是对于我们大多数人来说，磁学激起了人们的好奇心。图1中磁铁吸附铁屑的那个小实验，孩子们在家中就可以轻松完成，但这个简单的实验中却蕴含着深刻的物理知识，包括相对论（磁场是运动电荷的相对论修正）、量子力学（玻尔-范吕文定理表明经典理论是无法解释磁性的）、自旋的奥秘（正是电子的自旋产生了磁性）、交换对称性（这使得自旋平行排列）及层展现象（大量的自旋能够做到单个自旋所无法做到的事）。带着这样的想法，我们可以得出结论：磁性本身就是这个物理世界神秘、奇幻及多姿多彩的象征。

数学附录

在第四章中，麦克斯韦方程组以非数学形式给出。在本附录中，用矢量符号和矢量微分算符∇来表示。

麦克斯韦第一方程如下：

$$\nabla \cdot \boldsymbol{E} = \frac{\rho}{\varepsilon_0}$$

式中，ρ为电荷密度，ε_0为自由空间的介电常数。

麦克斯韦第二方程如下：

$$\nabla \cdot \boldsymbol{B} = 0$$

麦克斯韦第三方程如下：

$$\nabla \times \boldsymbol{E} = -\frac{\partial \boldsymbol{B}}{\partial t}$$

式中，$\partial/\partial t$表示变化率。

麦克斯韦第四方程如下：

$$\nabla \times \boldsymbol{B} = \mu_0 \boldsymbol{J} + \mu_0 \varepsilon_0 \frac{\partial \boldsymbol{E}}{\partial t}$$

式中，$\boldsymbol{J}$为电流密度，μ_0为自由空间的磁导率。

这些方程适用于自由空间，在物质存在的情况下则需要进行修正。

拓展阅读

非技术性的书籍

P. Fara, *Fatal Attraction* (New York, MJF Books: 2005).

A. Gurney, *Compass* (New York, W. W. Norton: 2004).

J. Hamilton, *Faraday* (London, HarperCollins: 2003).

F. A. J. L. James, *Michael Faraday: A Very Short Introduction* (Oxford, Oxford University Press: 2010).

Lucretius, *On the Nature of the Universe* (Oxford, Oxford University Press: 1997).

H. W. Meyer, *A History of Electricity and Magnetism* (Norwalk, Connecticut, Burndy Library: 1972).

A. E. Moyer, *Joseph Henry* (Washington, Smithsonian Institution Press: 1997).

A. Pais, *Inward Bound* (Oxford, Oxford University Press: 1986).

S. Pumfrey, *Latitude and the Magnetic Earth* (Duxford, Icon: 2002).

C. A. Ronan and J. Needham, *The Shorter Science and Civilisation in China*, volume 3 (Cambridge, Cambridge University

Press: 1986).

H. Schlesinger, *Battery* (New York, HarperCollins: 2010).

G. L. Verschuur, *Hidden Attraction* (Oxford, Oxford University Press: 1993).

J. B. Zirker, *Magnetic Universe* (Baltimore, John Hopkins University Press: 2009).

专业书籍

S. Blundell, *Magnetism in Condensed Matter* (Oxford, Oxford University Press: 2001).

S. Chikazumi, *Physics of Ferromagnetism* (Oxford, Oxford University Press: 1997).

J. M. D. Coey, *Magnetism and Magnetic Materials* (Cambridge, Cambridge University Press: 2010).

O. Darrigol, *Electrodynamics from Ampére to Einstein* (Oxford, Oxford University Press: 2005).

W. Lowrie, *Fundamentals of Geophysics*, 2nd edn. (Cambridge, Cambridge University Press: 2007).

D. C. Mattis, *The Theory of Magnetism Made Simple* (London, World Scientific: 2006).

James Clerk Maxwell, *A Treatise on Electricity and Magnetism* (Oxford, Clarendon Press: 1873).

N. Spaldin, *Magnetic Materials* (Cambridge, Cambridge University Press: 2011).

S. Tomonaga, *The Story of Spin* (Chicago, University of Chicago Press: 1974).

致 谢

我谨向许多朋友、学生和同事表示感谢。我们一起讨论有关磁性的问题，跟他们的讨论非常愉快，我也从中获益良多。我要特别感谢以下朋友：史蒂夫·布拉姆韦尔（Steve Bramwell），我跟他有许多关于自旋冰方面的有趣讨论；安迪·戈斯勒（Andy Gosler），是他告诉我关于斑尾鹬的事情；不同磁学国际学校中的同事和学生们，他们激发了我的思考；我研究小组的成员们及合作研究者们，他们总能给予我有益的见解。我还要感谢凯瑟琳·布伦德尔（Katherine Blundell）和拉莎·梅农（Latha Menon），他们对手稿提出了许多有益的意见。

2012年3月于牛津